FOOD DICTIONARY

Sophistication and Knowledge of Food
for Gourmand.
The Pleasures of the Table!!

威士忌

The Basic of

WHISKY

GLENMORANGIE
SONNALTA
PX
GLENMORANGIE
HIGHLAND SINGLE MALT SCOTCH WHISKY
SONNALTA

CONTENTS

FOOD DICTIONARY | WHISKY

書中店家與商品相關資訊，以2018年5月初版之時點為參。

CONTENTS

FOOD DICTIONARY | WHISKY

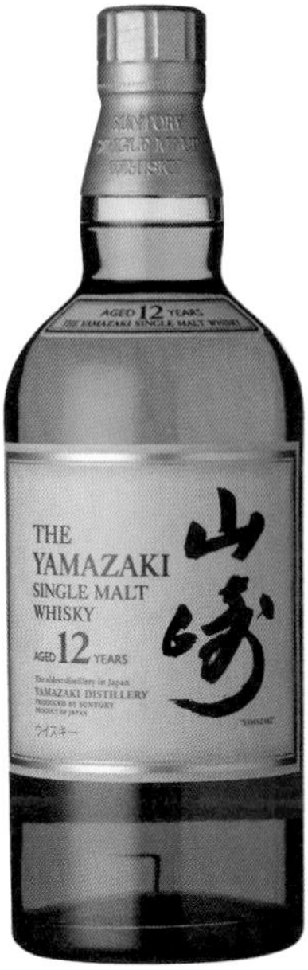

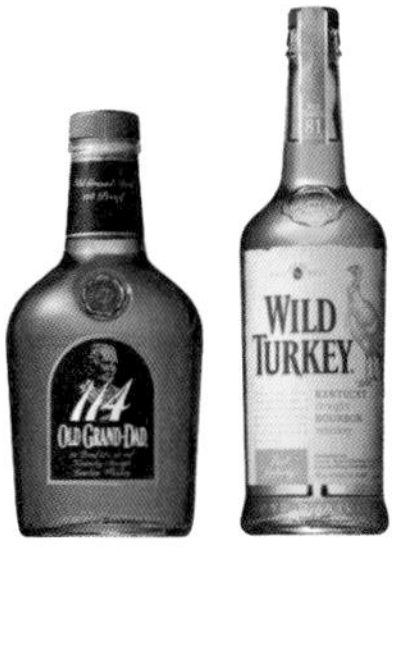

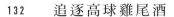

「那，來一杯吧！」之前！

你應該知道的 11則威士忌常識

對威士忌有興趣，卻不知從何著手……。
別擔心，這就告訴你一些基本「常識」。

常識【1】

以3項條件定義威士忌。

以穀物為原料於橡木桶中熟成

基本上，酒分為釀造酒、蒸餾酒、配製酒等3大類。威士忌屬於蒸餾酒當中的烈酒。

世上許多國家都在釀製威士忌，但大家對這種酒有一個共識：「以穀物為原料的蒸餾酒，於橡木桶中熟成。」亦即滿足「原料為穀物」、「蒸餾酒」、「放在橡木桶中熟成」這3項要件，才可稱為威士忌。下表為世界5大產區的威士忌。

產地	類型	原料	蒸餾法	貯藏時間
蘇格蘭	麥芽威士忌	僅有大麥麥芽	單式蒸餾2次	3年以上
	穀物威士忌	玉米、小麥、大麥麥芽	連續式	
愛爾蘭	壺式蒸餾威士忌	大麥、大麥麥芽	單式蒸餾3次	3年以上
	穀物威士忌	玉米、小麥、大麥、大麥麥芽	連續式	
美國	波本威士忌	玉米51%以上、裸麥、小麥、大麥麥芽	連續式	2年以上
	穀物中性烈酒	玉米、大麥麥芽	連續式	無貯藏規定
加拿大	芳香威士忌	裸麥、玉米、裸麥麥芽、大麥麥芽	連續式	3年以上
	基礎威士忌	玉米、大麥麥芽	連續式	
日本	麥芽威士忌	大麥麥芽	單式蒸餾2次	無貯藏規定
	穀物威士忌	玉米、大麥麥芽	連續式	

威士忌辭典

麥芽 malt
作為威士忌原料的大麥麥芽。

碎麥芽 grist
為了糖化而磨碎的麥芽。

泥煤 peat
石楠科的矮木歐石楠與雜草樹木等堆積而成的泥炭、草炭。

麥芽汁 wort
碎麥芽加入熱水後萃取出來的糖液，為發酵所需的原料。

酒汁 wash
在麥芽汁中加入酵母菌發酵後的酒醪，酒精度數為6～8%。

發酵槽 wash back
有木製、鐵製、不鏽鋼製等。

拜鍊金術之賜誕生的生命之水

究竟何時開始蒸餾威士忌？此大哉問目前未有明確答案，但是一般認為是中世紀時拜鍊金術之賜，於愛爾蘭誕生的。

西元4世紀頃，埃及盛行起鍊金術，然後傳到了西班牙。這段期間，有人在鍊金術專用的鍋爐裡加了某種發酵液，產生酒精度數高而口感強烈的液體。這就是蒸餾酒的起源。鍊金術師以拉丁文稱這種酒為「Aqua-Vitae」（生命之水），珍視為長生不老的祕方。之後，再從西班牙傳至愛爾蘭。

常識【2】

威士忌為鍊金術師的產物。

Check!

酒的分類

【蒸餾酒】

威士忌　伏特加
白蘭地　燒酎等
琴酒

【配製酒】

利口酒
梅酒等

【釀造酒】

葡萄酒　日本酒等

蘇格蘭威士忌

英國蘇格蘭地區製造的威士忌。特色是具有獨特的泥煤香氣。

愛爾蘭威士忌

在北愛爾蘭及愛爾蘭共和國製造的威士忌。

日本威士忌

日本製造的威士忌。特色是具有泥煤香氣，但沒有蘇格蘭威士忌那麼重。

加拿大威士忌

5大威士忌中口感最輕盈的威士忌。以裸麥及玉米為主要原料。

美國威士忌

美國製造的威士忌。主要產品有波本威士忌。

酒汁蒸餾器 wash still

第1次蒸餾時所使用的蒸餾器。

壺式蒸餾器 pot still

用來蒸餾的單式蒸餾器，皆為銅製。

考菲式蒸餾器 Coffey still

愛爾蘭人伊尼亞．考菲（Aeneas Coffey）於1931年發明的連續式蒸餾器。

蒸餾廠貓 distillery cat

蒸餾廠養的貓，專門對付吃掉威士忌原料大麥的老鼠與小鳥，又稱為「威士忌貓」。

天使分享 angel's share

於熟成期間蒸發掉的威士忌。以蘇格蘭威士忌來說，第一年會蒸發掉3～4％、以後每年各蒸發1～2％。而以目前為止蘇格蘭威士忌的總量來看，「天使分享」的分量已高達2億瓶之多。

常識【3】

單一麥芽的「單一」是指「單一蒸餾廠」。

單一蒸餾廠釀製的麥芽威士忌

這裡的麥芽指的是大麥麥芽。100%使用大麥麥芽製成的威士忌，就叫做麥芽威士忌。釀製工序是先讓大麥麥芽溫水糖化之後，再以酵母菌發酵，使用單式蒸餾器（壺式蒸餾器）2次蒸餾，視情況有時會3次蒸餾，然後放入橡木桶封存，使之熟成。

我們經常聽到的單一麥芽，其「單一」指的是單一蒸餾廠，換句話說，將單一蒸餾廠所釀製的麥芽威士忌

常識【4】

威士忌的品鑑之道在於「色」、「香」、「味」。

1 觀察顏色

將20～30cc的威士忌倒入酒杯，先觀察顏色。注意色澤、光澤、透明感等。然後，傾斜酒杯再復位，確認酒的黏性。麥芽濃厚則黏性較高。

2 嗅聞香氣

以純飲方式直接嗅聞香氣（aroma）。輕輕搖晃玻璃杯，讓酒液接觸空氣後，保持一點距離地開始嗅聞，再慢慢將酒杯移近鼻子。最初散發的香氣稱為「前調」。不妨將感受到的香氣記錄下來，方便日後選擇威士忌時派上用場。

3 品嘗味道

先將少量威士忌含於口中，確認味道後喝下，再次確認味道與餘味。如此品嘗過後，加水降低酒精度，再一次確認味道。

Point

- 先含少量於口中，品酌酒體。
- 感覺餘味。
- 加水喝喝看。

新酒 new pot
剛蒸餾完成的酒，也稱為「new spirit」。酒精度數為67～72%左右。

橡木 oak
山毛櫸科櫟屬，為威士忌酒桶的材料。主要有美國白橡木、歐洲橡木、水楢3種。

酒桶 barrel
熟成威士忌用的酒桶。過去容量為180公升，但最近統一為200公升。

酒桶 butt
與「puncheon」同為蘇格蘭威士忌使用的最大型酒桶。容量為500公升左右。

酒桶 puncheon
熟成用的大型酒桶，容量約為480～520公升，桶身比「butt」胖一點。

裝瓶，就稱為單一麥芽威士忌。

此外，在單一麥芽威士忌中，加入以玉米、小麥為原料的穀物威士忌，這樣的產品就稱為調和式威士忌。

不同於其他國家，日本的威士忌不會混合別家公司的原酒。各蒸餾廠都是各自生產2種以上的威士忌。

常識

【5】這些形狀的蒸餾器都叫做「壺式蒸餾器」。

不同蒸餾廠使用不同形狀的壺式蒸餾器

釀製麥芽威士忌使用的壺式蒸餾器全部為銅製，並具有獨特的頭盔造形。一般常見的形狀有直線型、鼓球型、燈罩型。

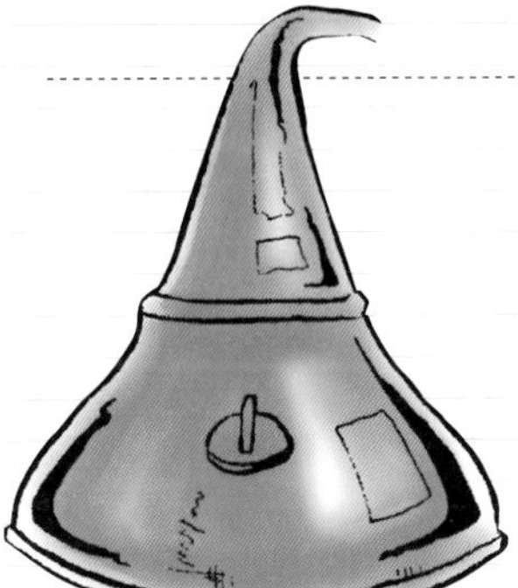

直線型

頸部呈直線狀。直線設計可保留較多酒精以外的成分，蒸餾出來的風味強勁、濃厚又複雜。

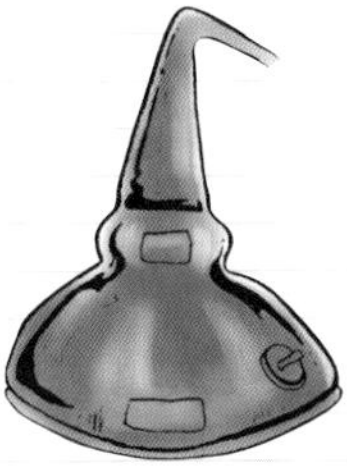

鼓球型

頸部呈鼓球狀。酒精以外的成分較少，風味清爽。由於接觸外氣的面積比較大，能蒸餾出滋味細膩的威士忌。

燈罩型

頸部呈燈罩狀。由於會在這裡產生滯溜效果，使得蒸餾出來的風味輕盈、清爽且華麗。

雪莉桶 Sherry cask

用來熟成雪莉酒的橡木桶。用這種酒桶陳釀的威士忌，多半帶有濃厚的果實風味，而且顏色較深。

波本桶 bourbon cask

以美國白橡木製成的波本酒桶。180~200公升的為主流。

二手橡木桶 refill cask

波本桶、雪莉桶等再次使用的酒桶。酒桶的壽命為60~70年，這段期間可數度用來熟成威士忌。

原桶強度 cask strength

出桶狀態的酒精度數。一般都是兌水成40~46%後裝瓶，但原桶強度是指不加水直接裝瓶的威士忌。

常識

【6】

威士忌的差異在於3大製造工程。

從麥芽威士忌釀製方法窺知威士忌的基本工序

依種類、產地、品牌不同，威士忌的釀製工序多少有些差異，然而基本流程並無不同。

先讓大麥發芽，再磨碎麥芽，加熱水，濾取麥芽汁。

在麥芽汁中放入酵母菌，製出酒精度數7～8%左右的酒醪，然後以壺式蒸餾器進行2次蒸餾，製成無色透明的新酒。在新酒之中加水降低酒精度數，再放入橡木桶中貯藏、熟成，就能釀製出威士忌了。威士忌種類的不同，主要差異在原料、蒸餾方法，以及是否調和等這三項。接下來就以麥芽威士忌的釀製方法為例，介紹威士忌的基本釀製工序。

1 發芽

原料大麥經過2個月以上的貯存，變成可發芽狀態後，放入浸泡槽。每隔數個小時就將水排掉，讓大麥晾在空氣中，並將氧氣打入浸泡槽；以上作業重複數次。然後，將大麥鋪在地板上使之發芽後，烘乾。在烘乾這道工序時用泥煤煙燻，就會帶有蘇格蘭威士忌特有的香氣。

2 糖化

先磨碎烘乾後的麥芽。磨碎狀態的麥芽稱為「碎麥芽」。將碎麥芽與熱水一起放入糖化槽（mash tun）中，取得發酵所需的麥芽汁，這道工序就稱為「糖化」。這時候的麥芽汁有一點類似營養飲料般的甜香。

過桶 wood finish
酒液經過一般的熟成後，再移到另一種橡木桶增添新風味。時間長的會放到2年左右。此時多半使用葡萄酒桶。

單桶威士忌 single cask
從單一橡木桶裝瓶的威士忌，能明確分辨出酒桶不同所產生的風味差異。

純麥芽威士忌 pure malt
強調僅使用麥芽威士忌時的用語。未必是單一麥芽威士忌。

麥芽威士忌 malt whisky
以大麥麥芽為原料，用單式蒸餾器蒸餾出來的威士忌。若是蘇格蘭威士忌，規定要在橡木桶中熟成3年以上。

穀物威士忌 grain whisky
玉米或小麥為主要原料，以連續式蒸餾器蒸餾的威士忌。

3 發酵

將麥芽汁冷卻至20℃左右，再移至發酵槽中，放入酵母菌開始發酵。發酵時間最少48個小時，最長可達70個小時。發酵結束，麥芽汁就變成酒精度數7～8%的酒醪。

4 蒸餾

將發酵後的酒醪放入單式蒸餾器（壺式蒸餾器）加熱，再冷卻汽化的酒精蒸氣，使之再次液化而提高濃度，這道工序就是「蒸餾」。1次蒸餾無法獲得足夠的酒精度數，因此麥芽威士忌一般是進行2次蒸餾。

5 熟成

在新酒中加水，將酒精度數降至63～64%，然後封存於橡木桶中熟成。加水的目的在於新酒降至這種度數時，橡木桶的成分最容易溶於威士忌之中。熟成期間，橡木桶溶出的成分會與酒液起反應，產生豐富的風味。

6 換桶

封存於酒桶中的威士忌，會因放在熟成倉庫中位置及高度的不同，而產生不同的味道。每種產品有其處理方式，基本上會將熟成後的威士忌先全部放進大型桶中混合，亦即「換桶」(vatting)，再進行之後的裝瓶作業。

調和式麥芽威士忌
blended malt
蘇格蘭威士忌協會提倡的用語，建議當混合2種以上的原酒時，一律使用「blended」一詞。

調和式麥芽威士忌
vatted malt
最近多稱「blended malt」。這種酒不混合穀物威士忌，僅混合二處以上蒸餾廠的麥芽威士忌。

調酒師
blender
將2種以上的麥芽威士忌，或是麥芽威士忌與穀物威士忌，加以調配在一起的配調師。

DCL公司
Distillers Company Limited
聯合蒸餾者公司（UD〔United Distillers〕），現「帝亞吉歐」〔Diageo〕）的前身，由蘇格蘭低地區6家穀物威士忌業者於1877年合併而成。在被「健力士」（Guinness）集團收購之前，是蘇格蘭最大的蒸餾廠集團。

常識
【7】
威士忌的風味
因4大要素而改變。

1 大麥

生命力旺盛，能於寒冷氣候中生長的大麥，依麥穗形狀可大致區分為雙棱、四棱、六棱，而蘇格蘭威士忌使用的是雙棱大麥。大麥的澱粉含量豐富，氨基酸組合相當平衡，加入酵母菌後會產生大量的酒精。過去好長一段時間，蘇格蘭產的大麥比起英格蘭，產量及品質均低劣甚多，但1960年代開發出來的「Golden Promise」，擁有不輸英格蘭優良品種的製麥特性，終於打破低迷窘狀。不過時至今日，品質凌駕「Golden Promise」的優異品種已陸續登場，它的存在感便淡化了。

期間	代表性品種	酒精收率（LPA／噸麥芽）
1950～1968年	Zephyr	370～380
1968～1980年	Golden Promise	395～405
1980～1985年	Triumph	395～405
1985～1990年	Carmargue	405～410
1990～2000年	Chariot	410～420
2000年～	Optic	410～420

※LPA／噸麥芽：1公噸麥芽能獲取的酒精。以上數字為換算成100%酒精後的收量（公升）。

2 泥煤

泥煤指的是蕨類與苔類、灌木、石楠科的矮木歐石楠等堆積形成的泥炭。蘇格蘭艾雷島全島有1/4為泥煤濕原所覆。據說，不具備寒冷地帶的濕原這項條件，便無以生成泥煤；而要堆積15公分的泥煤層，需要一千年的漫長歲月。正是利用泥煤當成烘乾麥芽的熱源，才會產生泥煤味、煙燻味這類蘇格蘭威士忌獨特的香氣。

Column

為何威士忌呈琥珀色？

威士忌並非一開始就是琥珀色。剛蒸餾好的原酒（新酒）是如右圖般無色透明的液體。將該液體放入橡木桶中熟成，橡木桶中的成分釋放到酒中，酒就慢慢變成琥珀色了，香味會變得深邃複雜，味道也會變得更加溫潤。美麗的琥珀色是拜橡木桶之賜來的。

3 水

製造麥芽威士忌有個重要因素，就是水。各家蒸餾廠各自使用嚴選出來的天然水。一般認為適合釀製蘇格蘭威士忌的水，不是礦物質多的硬水，而是礦物質較少的軟水。

不過，在蘇格蘭地區最受歡迎的「格蘭傑威士忌」，使用的是泰洛希湧泉（Tarlogie Spring）的清澈泉水，硬度頗高，完全顛覆了美味威士忌僅能使用軟水的常識。

4 橡木桶

話說「威士忌的風味，6成取決於橡木桶與熟成」，可見熟成之重要。而橡木桶的尺寸與材質是2大要素。材質主要是歐洲橡木與白橡木兩種，密封性均佳，且多酚含量豐富。

puncheon

原本容量有327ℓ的啤酒用及545ℓ的萊姆酒用2種，但日本使用的容量是480～500ℓ。

barrel

容量為180～200ℓ。在美國以白橡木為製作材料。主要用來熟成波本威士忌。

hogshead

將波本桶解體後，再重新組裝成桶身較粗的酒桶。容量220～250ℓ的多用來熟成蘇格蘭威士忌。

butt

原為拉丁語，意指「龐大」。容量為480～500ℓ。當初的製作目的主要是用來運送雪莉酒。

Column

精心設計的威士忌桶

用於熟成威士忌的橡木桶中，有一種稱為「設計師橡木桶」。設計師也設計起威士忌桶了？不是的。「設計師橡木桶」是身為橡木桶研究先驅的格蘭傑公司所開發的特殊橡木桶，材料是美國密蘇里州的樹齡80年到150年白橡木，連年輪密度都有嚴格規定。

常識【8】

並非單一麥芽威士忌就比較威！

例舉

管弦樂團

調和式威士忌

將麥芽威士忌、穀物威士忌等調和成一種固定的味道。具有精心釀製出來的個性。

例舉

獨奏音樂會

單一麥芽威士忌

「格蘭利威」、「麥卡倫」等為代表性產品。每一家蒸餾廠、每一個橡木桶都有其獨特的個性。喝法建議為簡單的純飲。

Column

威士忌是蒸餾酒的一種

知道威士忌屬於哪一種酒的人並不多，真是意外。酒類大致可分為釀造酒、蒸餾酒、配製酒等5種。以穀物製作、放入橡木桶中熟成的威士忌，被歸類為蒸餾酒，與用葡萄製作的白蘭地、用薯類與麥類製作的燒酒、用大麥與裸麥製作的琴酒等是親戚關係。威士忌再冠上生產國家名稱後，又可分為5種。

酒類

釀造酒
葡萄酒、啤酒

蒸餾酒

配製酒
利口酒、梅酒

蒸餾酒

白蘭地
燒酎
琴酒
伏特加
威士忌
萊姆酒
龍舌蘭酒

威士忌

蘇格蘭威士忌
加拿大威士忌
日本威士忌
愛爾蘭威士忌
美國威士忌
其他

2種都很有魅力 請依個人喜好選擇

5大威士忌中，大致將蘇格蘭歸為單一麥芽威士忌、日本歸為調和式威士忌。所謂單一麥芽威士忌，指的是在單一蒸餾廠所製造的威士忌。而調和式威士忌，指的是調和2種以上麥芽威士忌及穀物威士忌等的酒款。新手往往不知選擇哪一種，那麼以音樂來比喻應該比較容易理解。以音樂來說，調和式威士忌像管弦樂團，由指揮者（＝調酒師）將鋼琴、大提琴等樂器（＝麥芽威士忌）整合成一組樂團；至於單一麥芽威士忌，不妨想像成可享受單一樂器的獨奏音樂會吧！

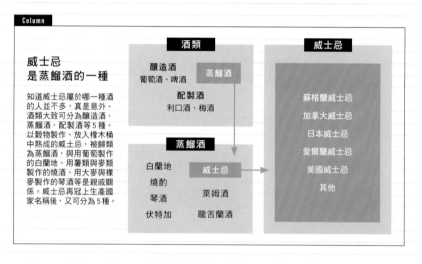

常識

【9】

喝法不同，味道也就大不同！

冰飲（on the rocks）

隨著冰塊溶化，可品嘗到味道的變化。理論上是使用面積大的冰塊。

純飲（straight）

能夠充分品酌威士忌個性的喝法。使用窄口的酒杯，香氣更為突出。

高球雞尾酒（high ball）

像在喝啤酒的感覺，建議搭配餐點享用。用喜歡的麥芽威士忌來調成高球雞尾酒，一定很特別。

水割

威士忌：水＝1：2～2.5。使用軟水，風味會變得很柔和。

半酒半水（twice up）

威士忌：水＝1：1。因為不加冰塊，時間再久也不會變淡，可以長時間慢慢享用。

加水會更散發出香氣

在威士忌中加水，可讓密封於強烈酒精中的香氣散發出來而格外芳香。

如果你已找到中意的威士忌，不妨準備一支，試試各種喝法吧！

請從純飲開始。將少量威士忌放在舌頭上品嘗，然後喝一口水……，如此交互，品嘗片刻後，改成半酒半水，亦即在威士忌中加入等量的冰水。如果要在用餐時喝有點特殊異味的威士忌，不妨在威士忌中加蘇打水，這樣更容易搭配料理，而且碳酸飲料的清爽還能刺激食欲。

常識【10】

威士忌不是只能在酒吧喝！

透過交流找到適合自己的威士忌

威士忌不像啤酒或燒酎調酒那樣，可以在短時間內連喝好幾杯，它適合悠閒地慢慢品酌。而喝威士忌的場所不是居酒屋，是酒吧或家中等可以放鬆的地方。

若是要在酒吧喝威士忌，建議挑選有可靠調酒師的店。酒吧這種地方，能夠讓你以嘗試心態品嘗到具鑑賞力的調酒師所嚴選出來的酒。你在酒吧找到中意的酒款後，就可自己到酒商買那支酒，然後回家嘗試純飲、冰飲、加蘇打水等各種喝法了。

此外，要清楚地告訴調酒師自己的喜好，如果不懂就直接說不懂。只要繼續與對方交流，喝了幾杯之後，相信調酒師就能夠理解你的喜好了。

Column

應該知道的酒吧禮儀

認為酒吧不是尋常地方而過度防備的話，樂趣就減半了，但是適度的緊張感有其必要。由於在吧檯的舉措及姿勢會格外醒目，因此不宜脫掉高跟鞋一副懶洋洋的模樣，這是有失禮儀的。

**手機
請關靜音**

請節制通話及發訊息。宜關電源或轉靜音。

**短飲型雞尾酒
宜短時間內飲畢**

如果想慢慢喝，請點純飲或長飲型雞尾酒。

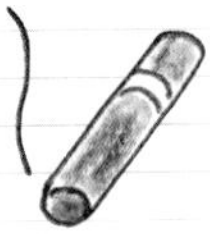

**香菸抽完
不要捻熄**

在日本，捻熄香菸是對店家不滿的暗示。

**享受
與調酒師的聊天**

請勿炫耀一知半解的知識，宜聆聽專家的見解！

**不知選擇哪一種
威士忌？**

新手不適合選擇個性強烈的單一麥芽威士忌，宜從適合所有飲用方式且容易搭配餐點的調和式威士忌入手。

用市售的冰塊及軟水來提升美味

不是用家裡冰箱製造的冰塊，建議使用便利超商買來的冰塊或純冰。基本上請選用軟水。

用喜歡的酒杯來提高興致

在自家享用無需拘泥繁文縟節，不妨準備中意的酒杯，隨意享用。

一點小知識即能提升美味

在酒吧邂逅中意的威士忌後，不妨在家輕鬆享用。為了更盡興，「我有一支不錯的威士忌喔！」而呼朋引伴開個派對也很讚。一群人時，建議準備美味料理當下酒菜，並以清爽的蘇打水將威士忌調成雞尾酒，就能熱熱鬧鬧享受一番了。

此外，威士忌還有個有趣之處，就是用對冰塊和水，能讓味道與香氣升級。請儘量選用純冰或純度高的冰塊。基本上不要用自來水，要用礦泉水。一般認為是使用軟水，但有特殊口感要求時，也可使用硬水。

常識

【11】威士忌的主要產國只有5個。

America
美國

美國威士忌中，以波本威士忌最著名。由於放在內側經烘烤處理過的橡木桶中熟成，味道同時帶有微苦、芳香與甘甜。此外，使用玉米、裸麥等不同原料而有各種不同的味道。看美國電影長大的世代，一定很熟悉波本加汽水的調酒吧？

Canada
加拿大

特色是輕盈順口。由於沒有特殊異味，也常用來當雞尾酒的基底，例如使用「加拿大會所」做成的「曼哈頓」與「C.C. Coke」就很有名。想喝威士忌卻不知選哪一種時，不妨指名加拿大威士忌。

從世界5大產地找出屬於你的那一支

你必須先了解世界有5大主要生產國，稱為「5大威士忌」，日本威士忌也包含其中。

威士忌的有趣之處是，依生產國不同、原料不同而各具個性，「我喜歡沒有異味的，所以就喝幾款愛爾蘭威士忌來尋找喜歡的風味。」諸如此類，可以享受探索的樂趣。

要注意的是，單一麥芽等個性強烈的威士忌，絕非人人喜歡，因此初次品嘗時宜慎選，不要落得就此討厭威士忌了。

Scotland
蘇格蘭

1853年開始銷售調和式威士忌後，威士忌便流傳到全世界去。此外，它的單一麥芽威士忌點燃了最近很夯的單一麥芽風潮。總之，蘇格蘭的單一麥芽威士忌自不必說，不少以麥芽與穀物威士忌調和而成、比例絕佳的調和式威士忌也很出色。

Ireland
愛爾蘭

歷史最悠久的威士忌。它不像蘇格蘭威士忌那樣有好多家蒸餾廠，因此市面上流通的品牌有限，很容易記。味道方面，它沒有特殊異味，很溫和，新手很容易接受。比起蘇格蘭威士忌，它們多半味道輕盈、泥煤香氣沉穩。

Japan
日本

以「一甲威士忌」創始人竹鶴政孝遠赴蘇格蘭學習的威士忌釀製技術為本，在「壽屋」（今「三得利山崎蒸餾廠」）發跡。也因此，它的釀製方式與蘇格蘭威士忌幾乎一樣。在日本，它以合乎日本飲食的細膩滋味與香氣而受歡迎，在日本以外地區也正擴大名氣中。

Column
其他受矚目的威士忌

葡萄酒世界中，相對於法國、義大利，美國、智利等新興產地被稱為新世界。同樣地，威士忌世界中也有新勢力。儘管在酒吧與酒品門市裡不太有機會見到，但由於德國人與澳洲人喜歡喝威士忌，這兩國的威士忌製造業也越來越盛行了。

入門第一步，不妨到酒吧直率地表明：「我完全不懂威士忌，但是對單一麥芽有興趣。」讓調酒師為你準備吧！

你的第一支威士忌應該是這個！

威士忌適性診斷

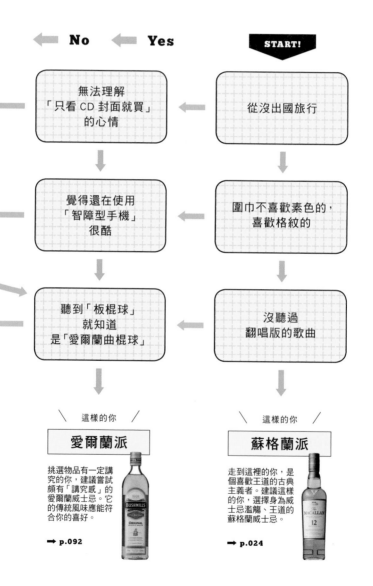

← No ← Yes

START!

從沒出國旅行

圍巾不喜歡素色的，喜歡格紋的

沒聽過翻唱版的歌曲

無法理解「只看 CD 封面就買」的心情

覺得還在使用「智障型手機」很酷

聽到「板棍球」就知道是「愛爾蘭曲棍球」

＼ 這樣的你 ／

愛爾蘭派

挑選物品有一定講究的你，建議嘗試頗有「講究感」的愛爾蘭威士忌。它的傳統風味應能符合你的喜好。

➡ p.092

＼ 這樣的你 ／

蘇格蘭派

走到這裡的你，是個喜歡王道的古典主義者。建議這樣的你，選擇身為威士忌濫觴、王道的蘇格蘭威士忌。

➡ p.024

你對威士忌已有一定的了解，也想嘗試看看。
那麼，該喝哪一種呢？
如果不知如何選擇，請做一下「威士忌適性診斷」！

以豐田或雪佛蘭來說，還是會選豐田

不太聽別人的意見，卻相信算命

貼在傷口上的OK 繃不是美國品牌，而是日本品牌

＼ 這樣的你 ／

美國派

果然和美國最對味！這樣的你，最適合享用在搖滾樂助興下眼中就會浮現星條旗的美國威士忌！

➡ p.148

＼ 這樣的你 ／

加拿大派

喜歡與眾不同的你，建議享用加拿大威士忌。當你說出喜歡的品牌而對方沒聽過時，反而讓你得意!?

➡ p.172

＼ 這樣的你 ／

日本派

如此哈日的你，當然要喝日本威士忌。充滿日本職人精神的威士忌，應能讓你體會到大和魂。

➡ p.102

「先喝喝看」就對了！◎

透過適性診斷決定「入門第一步」後，建議你先喝喝看。喝過之後，知道自己喜歡哪一種味道，有了方向，就能找到值得繼續嘗試的一支。不要怕，「先喝喝看」就對了。

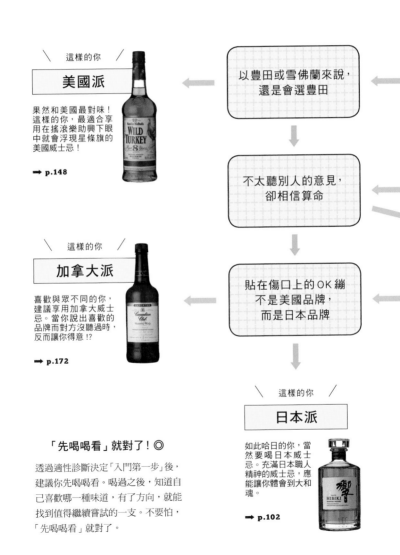

完全掌握威士忌！

威士忌

Whisky Major 5

攻略術

威士忌世界博大精深。
不過，主要生產國只有5個。
接著就來一一細說吧！

威士忌文化研究所
代表
土屋 守＝審訂

出生於新潟縣佐渡，現任威士忌文化研究所代表，《*Whisky World*》雜誌總編輯。曾擔任週刊記者，1987年赴英，在倫敦擔任日語資訊雜誌的編輯。返日後從事寫作工作。1988年入選為「世界威士忌筆者5人」。著有《單一麥芽威士忌大全》（シングルモルトウイスキー大全）、《調和式威士忌大全》（ブレンデッドウイスキー大全）等。

相片提供、協助＝
威士忌文化研究所
三得利
朝日啤酒股份有限公司
MHD酩悅軒尼詩帝亞吉歐
Whisk-e股份有限公司
國分股份有限公司
明治屋股份有限公司
日本百加得股份有限公司
日本保樂力加股份有限公司
Million Trading Co., Ltd.
日本酒類販賣股份有限公司
Bonili Japan Co.,Ltd.
寶酒造股份有限公司
小學館

5大

1 蘇格蘭威士忌 Scotch Whisky

2 愛爾蘭威士忌 Irish Whiskey

3 日本威士忌 Japanese Whisky

4 美國威士忌 American Whiskey

5 加拿大威士忌 Canadian Whisky

超愛威士忌！

1

蘇格蘭威士忌

Scotch Whisky

威士忌的故事，由此開始

要談威士忌，就不能不談蘇格蘭。本章介紹採訪團隊於當地全力採訪到的第一手資訊。

攝影＝黑坂明美

Scotch Whisky 1 ▶ REPORTAGE

蘇格蘭紀行

為了解威士忌而走訪聖地蘇格蘭。在這裡看見的威士忌會是什麼模樣？

在蘇格蘭威士忌的故鄉 找到威士忌的真髓

從倫敦搭機飛行2個小時，為了探究被喻為「生命之水」的單一麥芽威士忌，我們來到蘇格蘭。抵達機場後，租車，然後驅車前往蘇格蘭威士忌的蒸餾廠。沿途盡是閒適的田園風光，放牧的牛羊歡迎我們。

打開地圖尋找蒸餾廠的位置，發現它們都散布在遠離都市的郊區。我想起倫敦一街道已經列為世界遺產的愛丁堡。蘇格蘭威士忌在如此詩情畫意的城市中釀製出來。

1）漫步街道，隨處可見充滿情調的風景。2）高地區這個地方洋溢著獨特的牧歌式氛圍。3）古都印威內斯的街景。

家蘇格蘭威士忌酒吧老闆告訴我的關於私釀時代的故事。18世紀初期，當時的英格蘭政府對在蘇格蘭地區生產的蒸餾酒課徵高額稅金，因此繳不出稅的小型蒸餾業者便逃到山裡，將私釀的酒藏在空的雪莉桶之中，等待買家。就是這個緣故，蒸餾酒在雪莉桶裡頭熟成，變成美麗的琥珀色。在蘇格蘭，高地區（Highland）、斯佩賽（Speyside）、海島區（Island）、艾雷島（Islay）、坎培爾鎮（Campbelltown）、低地區（Lowland）等6個地區，共有大小超過100家蒸餾廠，但多半集中在蘇格蘭北部的高地區。

據說，蘇格蘭的單一麥芽威士忌，依地區、蒸餾廠釀製工法的不同，而有千差萬別的味道以及香氣。那裡會有怎樣的故事在等著我們呢……。朝著蘇格蘭這個夢幻世界前進，我一路心思澎湃。

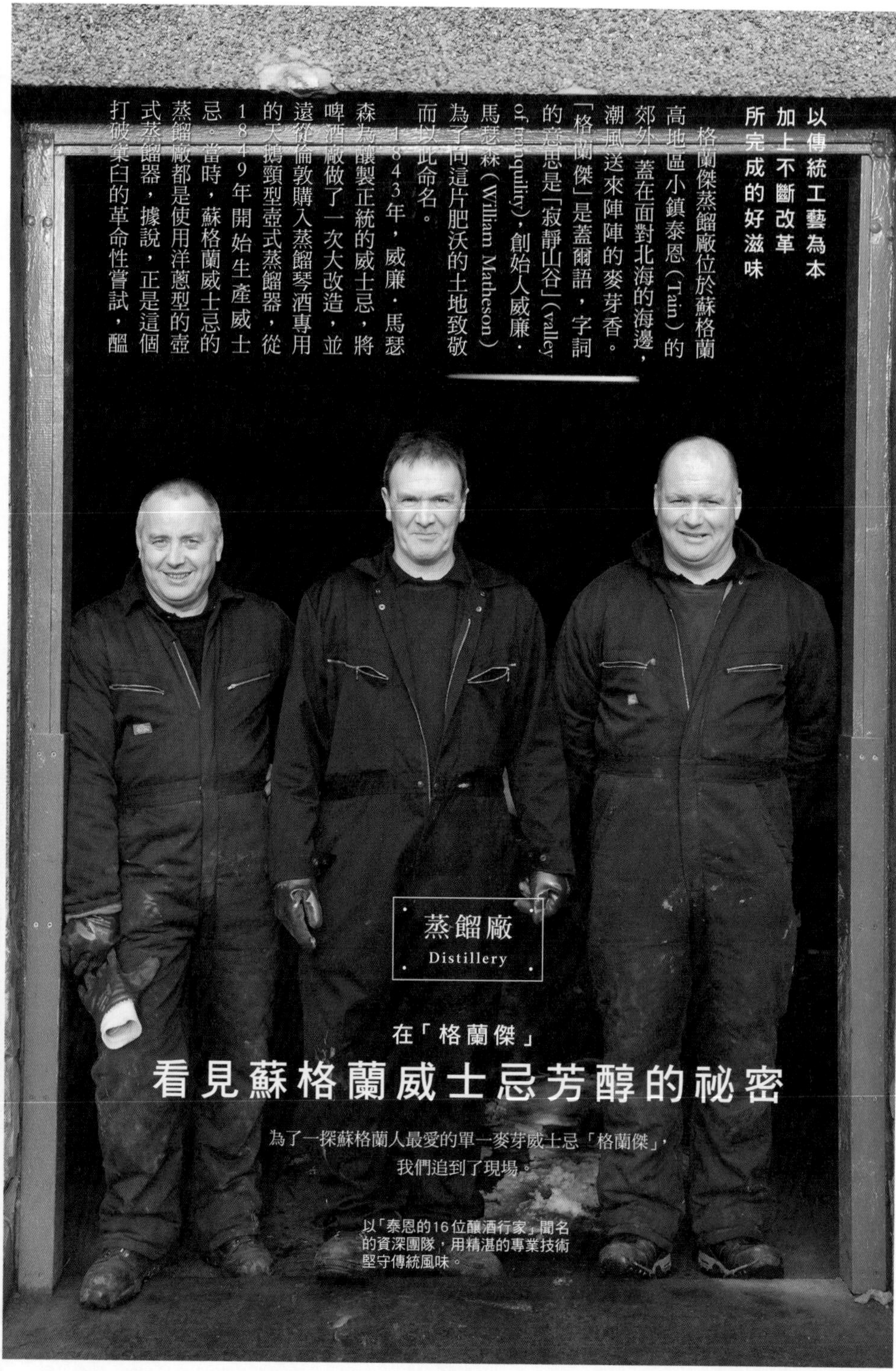

蒸餾廠
Distillery

在「格蘭傑」
看見蘇格蘭威士忌芳醇的祕密

為了一探蘇格蘭人最愛的單一麥芽威士忌「格蘭傑」，
我們追到了現場。

以傳統工藝為本 加上不斷改革 所完成的好滋味

格蘭傑蒸餾廠位於蘇格蘭高地區小鎮泰恩（Tain）的郊外，蓋在面對北海的海邊，潮風送來陣陣的麥芽香。「格蘭傑」是蓋爾語，字詞的意思是「寂靜山谷」(valley of tranquility)，創始人威廉・馬瑟森（William Matheson）為了向這片肥沃的土地致敬而以此命名。

1843年，威廉・馬瑟森為釀製正統的威士忌，將啤酒廠做了一次大改造，並遠從倫敦購入蒸餾琴酒專用的天鵝頸型壺式蒸餾器，從1849年開始生產威士忌。當時，蘇格蘭威士忌的蒸餾廠都是使用洋蔥型的壺式蒸餾器，據說，正是這個打破窠臼的革命性嘗試，醞

以「泰恩的16位釀酒行家」聞名的資深團隊，用精湛的專業技術堅守傳統風味。

釀出格蘭傑清新又純粹的獨特口感。

不久，在英國獲得廣大支持的格蘭傑，便擴大版圖進軍海外。之後，儘管蒸餾廠在幾名生意人的手中移轉，但是釀酒師們純熟的傳統技藝已經代代傳承下來。不覺間，人們讚歎他們的功績，稱他們為「泰恩的16位釀酒行家」。

右）蒸餾廠附近森林中湧出的泰洛希湧泉，為極其清澈的硬水。
左）用滾動的方式移動橡木桶。

Data

格蘭傑蒸餾廠

Glenmorangie Distillery

地址：Glenmorangie Distillery
Tain, Ross-shire
TEL：01862-892-477
http://www.glenmorangie.com/
營業時間（接待中心）：9:00～17:00
週六 10:00～16:00、
週日 12:00～16:00
定休：耶誕節、歲末年初
門票：3英鎊

1960年開始，一改當時主流的雪莉桶，將原酒放入波本桶中熟成。1996年發表了獨創性的過桶系列，先在波本桶中熟成，最後又放入雪莉桶、波特桶、葡萄酒桶等桶中再次熟成。目前，不論哪家蒸餾廠均販售各種類型的蘇格蘭威士忌，但格蘭傑依然以原廠裝瓶中的單一年份、原桶強度、過桶系列等的先驅地位而名聞遐邇。

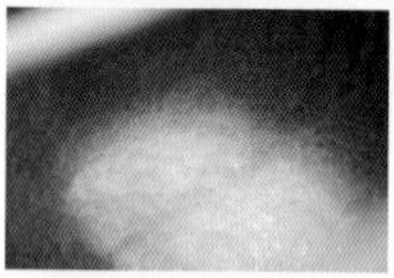

面對北海的格蘭傑蒸餾廠酒窖。從海面吹來的潮風為熟成帶來微妙變化，令滋味更深邃。

單一麥芽威士忌是這樣釀出來的

水、大麥、壺式蒸餾器、橡木桶，這些就是決定蘇格蘭威士忌品質的關鍵。

格蘭傑蒸餾廠是以蘇格蘭產的大麥，以及泰洛希湧泉富含礦物質的硬水為主要原料，加入酵母菌使之發酵，再以全蘇格蘭高度最高的壺式蒸餾器蒸餾，萃取出口感清新且純粹的原酒，最後放入精選的頂級橡木桶中慢慢熟成，於是誕生出芳醇的單一麥芽威士忌。

此外，勒桑塔（Lasanta）、昆塔盧本（Quinta Ruban）、納塔朵（Nectar D'or）等系列，最後會使用歐洛羅梭（Oloroso）雪莉桶、紅寶石（Ruban）波特桶、蘇玳（Sauternes）葡萄酒桶等來創造個性。

Glenmorangie Sonnalta PX

格蘭傑最新作，「sonnalta」是蓋爾語，意為「慷慨」，「px」是「佩德羅希梅內斯」（pedro ximénez）酒桶的原文縮寫，專門熟成西班牙葡萄佩德羅希梅內斯所釀製的雪莉酒。這支單一麥芽威士忌便是放在這種酒桶中長年熟成，誘人進入豐富的甜美世界。

利用高達 5.14 公尺的天鵝頸型壺式蒸餾器2次蒸餾，以提升酒精濃度。蒸餾後的新酒溫度及酒精濃度皆在嚴格管控中。

裝瓶廠
Bottlers

麥芽威士忌裝瓶廠的先驅

高登麥克菲爾

高登麥克菲爾公司擁有龐大人氣，
原因無他，就在單一麥芽威士忌的品項應有盡有。

現代化的棚架式酒窖。位置高或低，濕度與溫度等條件便不同，而能造就出風味迥異的威士忌。

裝瓶廠
讓麥芽威士忌的風味更多樣

總部設於蘇格蘭北部埃爾金市的高登麥克菲爾公司，1895年創立，當時是一家高級食品店。後來，由於斯佩賽是高地區當中蒸餾廠最密集的地方，他們充分利用了這項地利之便，以獨立裝瓶廠的型態展開威士忌事業。

今日，一般都是蒸餾廠自生產至裝瓶一手包辦並銷售，但在多年以前，蒸餾廠僅從事生產到裝桶作業，從裝瓶到銷售則由裝瓶業者負責。換句話說，當時都是由裝瓶業者向各家蒸餾廠購入原酒，再裝入貼上自家酒標的酒瓶後銷售，而這就是獨立裝瓶廠的由來。

高登麥克菲爾公司，將原酒裝入特別從世界各地購入的橡木桶熟成，之後再將達到最佳狀態的威士忌裝瓶。他們用來保存各蒸餾廠桶裝原酒的酒窖裡頭，貯藏了15000桶以上的好酒。麥卡倫、朗摩、慕赫、格蘭利威、史翠艾拉等貴重的陳年佳釀亦沉睡在其中。高登麥克菲爾的「行家首選系列」(Connoisseurs Choice)極負盛名，是向高地區、斯佩賽、海島區、艾雷島、低地區約50家蒸餾廠採購原酒再自行熟成銷售的。據說此系列中，也有購自已經關閉的班夫(Banff，斯佩賽)、波特艾倫(Port Ellen，艾雷島)等蒸餾廠的原酒，再熟成的稀有單一麥芽威士忌。此外，原酒系列(Cask Strength)、斯佩賽麥卡倫威士忌系列(Speymalt From Macallan)，以及麥克菲爾精選系列(MacPhail's Collection)等多種品項也在銷售當中。

Data

高登麥克菲爾

Gordon & Macphail

地址：58-60 South Street Elgin, Moray
TEL：01343-545-110
http://www.gordonandmacphail.com/
營業時間：9:00～17:00
定休：耶誕節、歲末年初

高登麥克菲爾公司裝瓶的「Exclusive」系列。從帝國（斯佩賽）、老富特尼（高地區）、格蘭愛琴（斯佩賽）、高原騎士（奧克尼群島）等蒸餾廠採購新酒再自行熟成而裝瓶，僅在埃爾金市的門市販售，售價皆為 35.75 英鎊。

位於埃爾金市中心的總部一樓有門市，販售高登麥克菲爾公司獨立裝瓶等各種威士忌及食品。

Column

Whisky topic in ScotLand

果然找到了！超級稀有
麥卡倫

第二次世界大戰時，由於供給到蘇格蘭所有蒸餾廠的煤炭、大麥等遭到了嚴格限制，因此這段期間生產的新酒數量極為稀少。尤其，以1938年蒸餾出來的麥卡倫新酒而裝瓶的「斯佩賽麥卡倫威士忌」，珍貴到榮獲「夢幻麥卡倫」美名，堪稱稀世珍品。

1 Glenlivet 53 years

格蘭利威53年（1943年蒸餾）　7800英鎊

2 Speymalt from Macallan 65 years

斯佩賽麥卡倫威士忌65年
（1938年蒸餾）價格面議

3 Mortlach 60 years

慕赫60年（1938年蒸餾）　24520英鎊

酒吧 Bar

全球威士忌迷憧憬不已 單一麥芽威士忌酒吧

這是一家擁有新酒、舊酒達700種以上、深獲全球威士忌迷支持的老酒吧。請跟我們一起進來體驗吧！

在優雅的歷史感中 盡情享受 蘇格蘭威士忌

雷克蓋拉西飯店（The Craigellachie Hotel）位於斯佩賽地區一個人口僅500人的小村落裡。斯佩賽是世界最大的威士忌產地，知名的麥卡倫、格蘭利威、格蘭菲迪等合計超過50家蒸餾廠就在這裡，而這家飯店成立於1893年，可說陪伴斯佩賽的單一麥芽威士忌歷史一起走到今天。

漫步於群山環繞的小村落，遇見了斯佩河，它是賦予此地威士忌特色的「水」的來源。斯佩河發源自格蘭屏山，水量豐沛，不僅威士忌，鮭魚也很有名，從春天到秋天，不少英國紳士專程來此進行飛蠅釣。

一踏進飯店的酒吧，目光立即被牆上密密麻麻的單一麥芽威士忌給釘住了。即使光是麥卡倫，就有各個年代的蒸餾廠原廠裝瓶及裝瓶廠獨立裝瓶等，超過了20種以上。

「1940年代前後的麥卡倫與今日的麥卡倫不同，

Data

葵克酒吧（雷克蓋拉西飯店內）
Quaich Bar

地址：Victoria Street, Craigellachie Aberlour
TEL：01340-881-204
http://www.oxfordhotelsandinns.com
營業時間：12:00～24:00
定休：無　住宿費：75英鎊～
威士忌：3英鎊～

它具有泥煤的獨特味道，從好的方面來說，算是顛覆了我們對麥卡倫的既定印象吧！據說，第二次世界大戰煤炭不足時期，製麥過程之中，高比例地使用了泥煤。」總經理麥可・布朗說，並遞給我們一本品酒筆記。

這本筆記本裡，有許多來到「葵克酒吧」的威士忌迷們所描述的種種威士忌風貌，讓人得以一窺蘇格蘭威士忌的複雜滋味與濃郁香氣。忘了夜已深，真想一直端起酒杯。

一整面牆都是單一麥芽威士忌，甚至有不少珍稀酒款。

當地人日常的輕鬆酒吧 也聚集了威士忌愛好者

蘇格蘭威士忌是蘇格蘭人的驕傲。街上許多酒吧中，從年輕人到大人，各以各的風格端起酒杯，暢談到深夜。

Bar 01

Clachnaharry Inn

克拉克納哈利

位於蘇格蘭高地區的比尤利灣邊，由一間古老的公共馬車客棧改造而成。近年，致力於推廣單一麥芽威士忌，「高原騎士」一杯只要 2.5 英鎊。

可在併設的餐廳享用以蘇格蘭食材烹製的傳統料理。店內隨時熱鬧滾滾。

Data

地址：17-19 High Street Clachnaharry Inverness
TEL：01463-239-806　營業時間：11:00 ～ 25:00
定休：洽詢　威士忌：2.5 英鎊～
http://www.clachnaharryinn.co.uk

Bar 02

Nico's Bar at The Glen Mhor Hotel

妮可的吧　摩爾峽谷飯店

位於高地區印威內斯市山麓的摩爾峽谷飯店（The Glen Mhor Hotel）裡頭。店內洋溢著往昔蘇格蘭農家倉庫的懷舊氛圍，一到週末便有許多夫妻、情侶結伴過來。

飯店內的餐廳「Nicky Tam's」提供有精緻的海鮮料理，評價相當高，不僅當地人，遠道而來的饕客也不少。

Data

地址：9-15 Ness Bank Inverness
TEL：01463-234-308
http://www.glen-mhor.com
營業時間：12:00 ～ 23:30　定休：無
威士忌：3.5 英鎊～

Column

Whisky topic in ScotLand

經理私下透露的5支名酒

1 魁列奇14年（Craigellachie 14 Years）

取代「花與動物」（Flora & Fauna）系列，自2004年販售的魁列奇14年單一麥芽威士忌。

2 卡爾里拉12年（Caol Ila 12 Years）

從鄧肯泰勒（Duncan Taylor）公司的珍稀收藏中精選出來、代表艾雷島的卡爾里拉蒸餾廠的單一麥芽威士忌。

3 格蘭花格29年（Glenfarclas 29 Years）

「格蘭花格」為蓋爾語「碧綠草原的山谷」之意。精選自格蘭花格蒸餾廠的橡木桶。2001年上市。

4 魁列奇21年（Craigellachie 21 Years）

從製造白馬（White Horse）原酒的魁列奇蒸餾廠的單一麥芽威士忌桶中精選出來。2003年上市。

5 格蘭利威22年（The Glenlivet 22 Years）

從位於海拔270公尺深山裡的格蘭利威蒸餾廠的橡木桶中精選出來。2002年上市。

總經理
麥可 · 布朗
Michael Brown

蘇格蘭威士忌通，對新手極有耐心，只要告知喜好均會獲得推薦。希望賓客都能與威士忌有一場美麗的邂逅。

Scotch Whisky 2 ▶ KNOWLEDGE

單一麥芽蘇格蘭威士忌的基本知識

首先，你該知道的不是別的，就是單一麥芽威士忌。
知道後就能窺見威士忌全貌了。

獨特的香氣 魅惑眾多威士忌迷

蘇格蘭威士忌，是在英國北部蘇格蘭地區釀製的威士忌。蘇格蘭的面積及人口雖然與日本的北海道相仿，卻密集地擁有近了130家蒸餾廠，生產各式各樣的威士忌。

單一麥芽威士忌是指單用一家蒸餾廠釀製的麥芽威士忌來裝瓶。目前有120家麥芽蒸餾廠。雖不比葡萄酒，但是蒸餾廠所在地、風土、自然環境等的不同，也會影響麥芽威士忌的味道。目前蘇格蘭的產地，一般劃分為高地區、低地區、坎培爾鎮、海島區、艾雷島，以及蒸餾廠最集中的斯佩賽。

儘管各產區的味道特色大致相同，然而各家蒸餾廠其實皆有各自的個性。

蘇格蘭威士忌的歷史

蘇格蘭威士忌首次出現在文獻上是1494年。王室財政部的紀錄中有一段文字：「給約翰．柯爾修士8箱（約500公斤）麥芽，讓他製造『生命之水』。」可見當時已經釀製以大麥麥芽為原料的蒸餾酒了。釀製威士忌的方法傳到蘇格蘭的時間在此之前，一般認為是8、9世紀，最遲12世紀，從愛爾蘭傳過去的。

不過，當時還不知道要將酒放在桶中熟成，而是剛蒸餾好就直接飲用；直到私釀時代，才知道封存於桶中，顏色會變成琥珀色，味道會更為芳醇。

蘇格蘭威士忌的私釀時代是從18世紀到19世紀前半，約100年，肇因於1707年與英格蘭合併以及被課以重稅。一心追求獨立的蘇格蘭人不願付錢給英格蘭政府，於是躲到深山裡釀製威士忌。當時利用的是優質的大麥、山泉水、豐富的泥煤，以及空的雪莉桶。他們利用雪莉桶運送威士忌以矇騙稅吏的眼睛。亦即，他們在私釀時代學會了製造威士忌所必要的學問。

由於無法有效遏止私釀，1823年政府終於修改稅法。拜此之賜，翌年1824年成為政府公認第一家蒸餾廠的，就是格蘭利威。此後，蘇格蘭威士忌搖身一變，成為一大產業。

酒桶影響酒的風味

熟成蘇格蘭威士忌用的酒桶為橡木材質，但都是使用之前裝過其他酒類的二手酒桶。

大致可分為裝雪莉酒的雪莉桶、裝波本酒的波本桶、裝過蘇格蘭威士忌而重複使用的威士忌桶。麥芽風味會隨酒桶改變，酒的顏色及味道也就不同。

由於過去英國大量進口雪莉酒，留下很多雪莉桶，因此一般認為最初都是使用這種酒桶。

使用波本桶

呈淡褐色，有香草風味及柑橘系的香味。

使用雪莉桶

雪莉酒的顏色及香氣滲入以後，酒液略呈深紅色，且帶有豐富的甜味。

Scotland
蘇格蘭

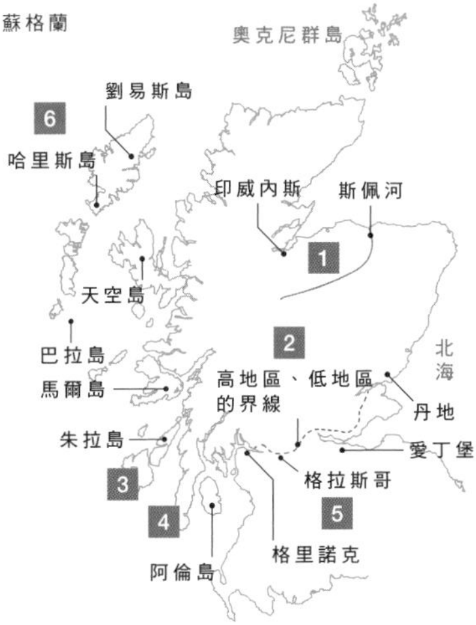

1 斯佩賽

在斯佩河流域釀製的麥芽威士忌。51家蒸餾廠集中於此。

2 高地區

劃分在高地區的蒸餾廠有43家。高地區幅員廣闊，因此酒質多樣。

3 艾雷島

人口約3500人的島上，有布納哈本、卡爾里拉、雅柏等8家蒸餾廠。

4 坎培爾鎮

目前只有3家蒸餾廠在運作，最知名的是雲頂蒸餾廠。

5 低地區

平穩的氣候培育出溫和無異味的低地麥芽。4家蒸餾廠運作中。

6 海島區

海島區麥芽威士忌的蒸餾廠，有奧克尼群島的斯卡帕、天空島的泰斯卡等6家。

用葡萄酒桶增添風味

你在酒吧或酒品商店看過酒標上標示葡萄酒名稱的單一麥芽威士忌嗎？

這種酒表示它經過「過桶」這道工序，亦即經過一般的熟成後，將酒移至其他酒桶，再次熟成數月到最長2年。

過桶的先驅者是格蘭傑公司，已經有羅曼尼康帝酒莊（Domaine de la Romanée Conti）的「夜丘」（Cote de Nuits）、滴金酒莊（Chateau d'Yquem）的「艾米達吉」（Hermitage）等許多過桶酒款上市。

[Scotch Topic 2]

什麼是「裝瓶廠威士忌」？

裝瓶廠威士忌與蒸餾廠販售的威士忌不同，是由稱為「裝瓶業者品牌」（bottlers brand）的裝瓶業者收購剛蒸餾好的桶裝新酒，而在自家熟成的威士忌。即使是同一家蒸餾廠蒸餾出來的酒，後來因酒桶、熟成年數、酒精度數的不同，就可能產生風味迥異的威士忌。如果你有喜歡的蒸餾廠，不妨品嘗它的千變萬化吧！

格蘭冠的原桶強度34年。裝瓶廠威士忌的酒標上會標明桶號、瓶號。

裝瓶廠一景。各家裝瓶廠皆有獨自的熟成方法。不少品牌對酒標也相當講究。

蘇格蘭威士忌年表

- **1494** 蘇格蘭王室財政部的文書裡，有一段關於威士忌的記述。被視為蘇格蘭威士忌元年。
- **1781** 官方禁止私釀威士忌。
- **1823** 修訂酒稅法。
- **1824** 格蘭利威成為政府公認的第一家蒸餾廠。
- **1831** 伊尼亞·考菲發明連續式蒸餾器。
- **1860** 修訂酒稅法，可以混用不同蒸餾廠的威士忌。
- **1877** 低地區6家穀物威士忌業者合併成立DCL公司。

蘇格蘭威士忌的聖地 艾雷島

艾雷島全島面積大約有4分之1蓋著厚厚的泥煤層，形成「泥煤王國」。有布納哈本、卡爾里拉、雅柏、樂加維林、拉弗格、波摩、布魯萊迪、齊侯門等8家知名蒸餾廠。

蒸餾廠就蓋在海邊，因此能夠釀造出艾雷島特有「海潮香」、「宛如海草般」的獨特個性，讓威士忌迷們愛不釋手。

上）建於海邊的蒸餾廠。右）艾雷島美麗的自然風光。氣候溫暖生產出高品質的大麥。左）用過的橡木桶就放在海邊。

[代表性威士忌]

波摩

有明顯的艾雷麥芽威士忌特色，藥草般的風味與泥煤風味絕搭。

- **1909** 穀物威士忌獲承認為蘇格蘭威士忌。
- **1920** 美國實施禁酒令。
- **1927** DCL公司收購白馬公司。當時號稱「5大」的蒸餾廠皆納入DCL旗下。
- **1939** 第二次世界大戰爆發，蒸餾廠陸續關閉。
- **1986** 健力士集團買下了DCL公司。
- **1994** 舉行蘇格蘭威士忌誕生500年紀念活動。
- **2004** 帝亞吉歐公司與酩悅·軒尼詩－路易·威登（LVMH）公司合併成「MHD酩悅軒尼詩帝亞吉歐」公司。
- **2005** 業界第3的保樂力加（Pernod Ricard）公司買下第2的聯合多梅克（Allied Domecq）公司，成為繼帝亞吉歐公司之後，蘇格蘭威士忌業界的第2名。

Scotch Whisky 3 ▼BRAND

單一麥芽蘇格蘭威士忌名鑑

相信你對威士忌已有相當的認識了。接下來要介紹的是單一麥芽威士忌的主要品牌。不妨從中挑選喜歡的一支吧！

Ardbeg TEN Years Old
雅柏 10 年

小蒸餾廠位於孕育泥煤煙燻味威士忌的艾雷島的南岸，名稱「雅柏」是蓋爾語「小山岬」之意。由於採用全蒸餾廠純度最高的泥煤來烘乾麥芽，因此燻煙味強烈。被譽為「艾雷麥芽威士忌之最」，全球風評極高。

●香氣　泥煤煙燻味。先有海邊濕地般的香氣，後有奶香及果香。
●味道　雖有泥煤味但很有深度，甘甜且滑順。宛如鹹味大福。餘味雋永。

Data

700mℓ　46度

Line Up

Uigeadail ／ Blasda ／ Renaissance ／ Corryvreckan 等

Laphroaig 10 years
拉弗格 10 年

「拉弗格」是蓋爾語「寬闊海灣的美麗山谷」之意。名符其實，蒸餾廠就位於艾雷島南方門戶波特艾倫港以東3公里處，面對靜謐的海灣而建。特色是具有碘酒、甲酚等藥品的獨特風味，擁有全球眾多狂熱粉絲，包括英國王子查爾斯在內。

●香氣　泥煤煙燻味。清新的潮香、碘酒。加水後則有香草與蜂蜜香。
●味道　泥煤煙燻味、甘甜。餘味是乾爽且溫熱的煙燻味久久不散。

Data

700mℓ　55.7度

Line Up

15年／18年／Quarter Cask ／ 30年

Glendronach 12 years
格蘭多納 12 年

蒸餾廠位於亞伯丁市的翰得利（Huntley）郊外，剛好在高地區與斯佩賽的界線上，但被劃分為高地區。「格蘭多納」是蓋爾語「黑莓谷」之意，小蒸餾廠遵照古法釀製的麥芽威士忌，被當成高地區的古典餐後酒而受歡迎。

●香氣　梅子、醬油、蘑菇。略帶油脂感。緩緩流露的太妃糖甜香。
●味道　甘甜濃郁。微微的堅果味，最後以泥煤味作結。餘味乾爽辛辣。

Data

700mℓ　40度

Bowmore 12 years

波摩12年

「波摩」是蓋爾語「大型岩礁」之意，它是艾雷島最古老的蒸餾廠，位於島中心因達爾（Indaal）灣岸邊，高度為海拔0公尺，波浪會打到酒桶沉眠的酒窖來。這支酒的酒質在艾雷島釀製的威士忌中屬於中間等級，最適合用來了解艾雷麥芽威士忌。

●香氣　泥煤煙燻味，但是也有藥草、檸檬般的芳香，接著是蜂蜜香。
●味道　中等酒體。雖有煙燻味卻很甘甜。像藥草。滑順且餘味綿長。

Data

700mℓ 40度

Line Up

Darkest 15年／18年／25年

Glenfiddich 12 years

格蘭菲迪12年

「格蘭菲迪」是蓋爾語「鹿之谷」之意。這是世界上最受歡迎的單一麥芽威士忌。蒸餾廠位於斯佩賽的達夫敦，由創始人格蘭特家族經營。追求理想的釀製工法，從投料到裝瓶，全在蒸餾廠中一貫生產，為斯佩賽的代表性佳釀。

●香氣　白花、楓糖漿、洋梨、奶油。加水後像是使用很久的橡木般。
●味道　輕盈酒體，但甜、辣平衡得相當優異，且絲滑順口。

Data

700mℓ 40度

Line Up

15年／18年／30年

Balblair 1999

巴布萊爾 1999

「巴布」是蓋爾語「聚落」之意，「萊爾」是「平原」之意。蒸餾廠位於擁有優質的水與泥煤的羅斯郡埃德頓村。自古即以生產極平衡的佳釀作為「百齡罈」的重要原酒而聞名。不拘熟成年數，僅以最適當的熟成年份為挑選標準，以單一麥芽威士忌之姿上市。

●香氣　橡木、香料。葡萄乾、香草。柑橘系的水果、杏桃。
●味道　中等酒體、些微辛辣。香草的甜美、乳香般的餘韻綿長。

Data

700mℓ　46度

Line Up

1989／2003

Glenrothes Select Reserve

格蘭露斯 珍釀

蒸餾廠位於自古即以釀酒繁榮的斯佩賽的露斯（Rothes）鎮。因坐落於露斯河的河谷而命名為「格蘭露斯」。由於獲得各家調酒師的高度讚賞，所生產的麥芽威士忌幾乎都作為調配用，僅有2％左右的優秀原酒才以單一麥芽威士忌之姿上市。

●香氣　香草、堅果、些微的梅子。糖果。優格、柑橘醬。
●味道　中等酒體。香草、柑橘。非常平衡，餘味略辛辣。

Data

700mℓ　43度

Line Up

1991／1994 等

Auchentoshan American OAK

歐肯特軒 美國桶

「歐肯特軒」是蓋爾語「原野的一隅」之意。蒸餾廠建於工業都市格拉斯哥西北10公里、俯瞰克萊德灣的斜面上。堅持使用低地區傳統3次蒸餾法所釀製的麥芽威士忌，沒有怪味，而且甘甜、纖細，非常適合新手及女性飲用。要了解低地麥芽威士忌就少不了這一支。

●香氣　柑橘系水果、綠茶般的清香。加水則像牛奶巧克力般。
●味道　麥芽糖、糖霜。烤過的杏仁。纖細又平衡。

Data

700mℓ　40度

Line Up

12年／Three Wood

Aberlour a'bunadh

亞伯樂首選原桶

蒸餾廠位於威士忌聖地斯佩賽中央位置。口感濃郁甘甜的酒質，自古在法國被當成最棒的餐後酒而獲得高度評價。主要使用雪莉桶熟成。「亞伯樂」是蓋爾語「原始風貌」之意，未經冷凝過濾且以原桶強度裝瓶，風味複雜而有勁。

●香氣　成熟的水果、梅子、黑醋栗、義大利香醋等，香氣複雜。歐洛羅梭雪莉的芳香。
●味道　甘甜濃郁。葡萄乾奶油、萊姆葡萄乾。濃厚，很有口感。

Data

700㎖　60度上下

Line Up

10年／ Double Cask 12年／ 16年

Highland Park 12 years

高原騎士 12年

「高原騎士」是世界最北端的蒸餾廠，位於蘇格蘭北部由70多座大小島嶼組成的奧克尼群島中的梅恩蘭島。目前仍採用傳統的地板發麥（floor malting）方式，並擁有自家的泥煤礦，這在蘇格蘭地區亦屬罕見。島上獨特的泥煤，讓經過地板發麥後的麥芽產生豐富的風味。

●香氣　濃郁甘甜。略帶泥煤煙燻味。藥草。加水後則是香草奶油。
●味道　滑順濃郁，讓人想到苦味巧克力或柳橙皮。平衡感絕佳。

Data

750㎖ 43度

Line Up

18年／ 25年／ 40年

Edradour 10 years

艾德多爾10年

「艾德多爾」是蓋爾語「埃德雷德河」、「雙河之間」之意。小蒸餾廠過去是以農家副業的方式釀製威士忌，至今仍保留當時的作法，使用蘇格蘭最小的壺式蒸餾器來蒸餾。全部在蒸餾廠內裝瓶。獨特之處是生產規模小，每一批的味道皆不同。

●香氣　藥草、醬油、奶油。帶酸味的沙拉醬。香皂。香水。
●味道　藥皂、塑膠、椰果。加水後，香水味會更突出。

Data

700㎖　40度

Line Up

Straight The Cask ／
Non Chill Filtered ／
Ballechin

Clynelish 14 years

克里尼利基14年

蒸餾廠位於蘇格蘭東北部、以高爾夫及釣鮭魚聞名的高地區少數旅遊勝地布羅拉村郊外。自古即與斯佩賽的「格蘭利威」齊名，生產口碑甚佳的麥芽威士忌名酒。特色是具有絲絨般的口感、柔順的濃郁、豐富的尾韻，深獲行家喜好。

●香氣　新鮮水果。甜美又豐富的花果香。帶煙燻味的果香。
●味道　滑順、沉穩濃郁。正山小種紅茶。水果味的餘韻悠長。

Data

700mℓ　46度

Bunnahabhain 12 years

布納哈本12年

「布納哈本」是蓋爾語「河口」之意。蒸餾廠位於艾雷島北方門戶波特阿西卡港以北4公里左右，資歷在艾雷島中算年輕，採用清澈的水以及未經泥煤處理過的麥芽。以艾雷威士忌而言，這是一款別具特色、新鮮、風味輕盈的威士忌。

●香氣　新鮮的潮風。日曬後的漁網。鹹味大福。加水後氣味更清新。
●味道　甘甜新鮮。餅乾的甜味中帶有海潮的滋味。淡淡的泥煤味。

Data

700mℓ　40度

Cragganmore 12 years

克拉格摩爾12年

蒸餾廠位於斯佩河中游、雅芳河注入斯佩河的合流點附近。至今仍在使用偉大的威士忌專家兼蒸餾廠創始人約翰・史密斯（George Smith）發明的T字形壺式蒸餾器，生產享負盛名的麥芽威士忌名酒。多半用來當成「老帕爾」等的原酒，很少以單一麥芽威士忌之姿上市。

●香氣　豐富且細膩。蜂蜜、柑橘系的新鮮果香。藥草、甜點。
●味道　華麗而甘甜。口感柔和絲滑、豐潤。宛如香草。花卉。

Data

700mℓ 40度

Line Up

Distillers Edition

Ben Nevis 10 years

班尼富10年

蒸餾廠位於西高地區的威廉堡，就建在英國最高峰標高1344公尺的本尼維斯山的山腳下，使用從山頂流下來的清冽雪水。在得天獨厚的自然環境中生產出芳香秀逸的威士忌。這款單一麥芽威士忌獲得「高地區的隱藏版名酒」封號。

●香氣　熱帶水果。芒果、百香果、亞麻油。些微的泥煤味。
●味道　雖不到芳香程度，但有熱帶水果般的風味，甘甜且餘韻綿長。

Data

700mℓ 43度

不是小啤酒廠，是小威士忌酒廠

最近常聽到「微型蒸餾廠」。蒸餾廠就是酒廠，這是模仿小啤酒廠而來的用語，意指小型的手工生產威士忌酒廠。

最大的特色是個人經營，生產規模約為大型酒廠的20分之1，生產的原酒幾乎都是以單一麥芽威士忌之姿上市。

蘇格蘭也陸續出現微型蒸餾廠了，說不定它會成為目前單一麥芽威士忌風潮下的一隻金雞母吶！

The Balvenie 12 years Double Wood

百富雙桶12年

位於斯佩賽中最多蒸餾廠（7家）的達夫敦地區。與「格蘭菲迪」同為姊妹廠而聞名，但酒質大異其趣。雙桶就是兩個橡木桶；這款單一麥芽威士忌是先用波本桶熟成後，再放入雪莉桶中，一共熟成12年。

●香氣　融合香甜水果、歐洛羅梭（Oloroso）雪莉酒的香氣，與蜂蜜與香草味交互鋪陳。
●味道　蜂蜜、石楠蜂蜜、梅子。香草及卡士達奶油。加水後變華麗。

Data

700ml　40度

Line Up

Caribbean Cask 14年／Double Wood 17年／Portwood 21年

Springbank 10 years

雲頂10年

蒸餾廠所在的坎培爾鎮位於蘇格蘭西邊、突出大西洋的琴泰岬半島上，自古以釀製威士忌而繁榮，有不少蒸餾廠坐落於此，如今僅剩3家。採用2.5次蒸餾這種複雜的蒸餾系統，釀出被評為「briny」（海水般鹹味的）這種有個性的單一麥芽威士忌。

●香氣　濃郁甘甜。檸檬、楓糖漿、藥草、草。淡淡的泥煤味。
●味道　甘甜且複雜。蜂蜜、柳橙。加水後是檸檬水，最後有微微的煙燻味。

Data

700ml　46度

Line Up

15年／18年

Oban 14 years

歐本14年

蒸餾廠位於蓋爾語為「小海灣」的歐本鎮。該鎮自古即以天然良港而繁榮，目前成為前往赫布里底群島的門戶而遊客如織。使用小型壺式蒸餾器釀製出來的單一麥芽威士忌，有著複雜的濃郁及海風般的潮香。

●香氣　濃烈且帶油脂感。麥芽、藥草。潮風、杏仁糖。加水後是香草、橡木。
●味道　滑順甘甜。複雜濃郁。淡淡的泥煤味。加水則是香檳。

Data

750ml　43度

Line Up

Distillers Edition／32年

The MACALLAN 12 years

麥卡倫12年

被英國知名「哈洛德百貨」出版的《威士忌教科書》譽為「單一麥芽威士忌的勞斯萊斯」。蒸餾廠位於斯佩河中游魁列奇村的對岸。始終堅持使用斯佩賽最小的壺式蒸餾器且採直火蒸餾、放入雪莉桶熟成等傳統製法。在日本擁有無以撼動的人氣。

●香氣　濃郁深邃。椰子、薄荷。荔枝。加水後則是奶油糖、楓糖漿。
●味道　滑順甘甜但複雜。奶味。蜂蜜、香料。小茴香、丁香。

Data

700ml　43度

Line Up

Sherry Oak…12年／25年／30年
Fine Oak…10年／12年／17年／25年／30年

Glen Grant 10 years

格蘭冠10年

在義大利，蘇格蘭威士忌的人氣與葡萄酒並駕齊驅，「格蘭冠」即受到壓倒性的歡迎。蒸餾廠位於斯佩河下游的露斯鎮。原料用水取自流經蒸餾廠後面的格蘭冠河，因泥煤色很深而被稱為「黑水」。特色是擁有甜美的花香。

●香氣　馥郁甘甜。溶劑般的香味。果香。糖果盒。
●味道　中等至輕盈酒體。甘甜且為柑橘系的水果。餘韻悠長。

Data

700mℓ　40度

Hazelburn 10 years

赫佐本10年

雲頂蒸餾廠使用無泥煤的麥芽，經3次蒸餾而釀製的單一麥芽威士忌。「赫佐本」原是一家位於坎培爾鎮的老酒廠；1997年起，為復興坎培爾鎮麥芽威士忌，雲頂蒸餾廠特別冠以此名生產。赫佐本蒸餾廠也因1920年「一甲威士忌」創始人竹鶴政孝前來實習5個月而聞名。

●香氣　洋梨塔、蘋果、蜜蠟、牛奶糖。加水後有草莓蛋糕般的甜香。
●味道　香草、蜂蜜、彼岸花、牛奶巧克力。甘甜清新。餘味乾爽帶橡木味。

Data

700mℓ　46度

Dalmore 12 Years Old

大摩12年

「大摩」是蓋爾語「廣大草地」或「廣大濕地」之意。蒸餾廠建於北高地區的阿爾內斯鎮郊外、可遍覽克羅默蒂灣及黑島的海邊。這是用獨特的T字形壺式蒸餾器所蒸餾的北高地區古典美酒，也是知名調和式威士忌「懷特馬凱」的主要麥芽基酒。

●香氣　麥芽、餅乾、橄欖、藥草。加水後是怡人的桶香及萊姆葡萄乾、柳橙。
●味道　馥郁絲滑但複雜。鹹味杏仁。餘韻為剛剛好的乾爽。

Data

700mℓ　40度

Line Up

Cigar Malt Reserve／15年／18年／1263 King Alexander the Third

Benriach 12 years

班瑞克12年雪莉桶

「班」是蓋爾語「山」、「瑞克」是「受傷」之意。蒸餾廠位於斯佩賽地區埃爾金市以南約5公里，與「朗摩」蒸餾廠毗鄰而建。直到前不久，都還一直使用傳統的地板發麥方式，此時泥煤會滲入麥芽中，於是這支斯佩賽麥芽威士忌便極罕見地有了泥煤煙燻味。

●香氣　蜂蜜、柳橙、雪莉酒香。感覺像焦糖與蜜蠟，香味複雜。
●味道　中等酒體。薑餅、雪莉酒。巧克力、可可。

Data

700mℓ　43度

Line Up

16年／20年／Curiositas 10年／Authenticus 21年／25年

The Glenlivet 12 years

格蘭利威 12 年

創始人喬治．史密斯是19世紀初最傑出的私釀威士忌專家。1824年，史密斯創立格蘭利威蒸餾廠，成為政府公認的第一家蒸餾廠而終結了私釀時代。目前它仍是斯佩賽麥芽威士忌的代名詞，贏得全球威士忌迷的愛戴。這是平衡絕佳的單一麥芽威士忌的典範。

●香氣　檸檬、葡萄柚。蜂蜜或洋梨的糖果。非常芳香。
●味道　甜美絲滑。苦橙、蜂蜜。味道明確、平衡極佳。

Data

700㎖　40度

Line Up

French Oak Reserve 15年／18年／Nàdurra／21年／25年

Lagavulin 16 years

樂加維林 16 年

蒸餾廠位於艾雷島南岸、從艾倫港沿海岸往東，面對樂加維林灣而建，四周皆為優質泥煤所覆蓋的濕地，釀製出艾雷麥芽威士忌中最濃郁厚重的麥芽威士忌。

●香氣　有深度的煙燻味、濃郁。優質的正山小種紅茶，然後是多汁的水果。
●味道　潤滑甘甜。絲絨般的口感非常出色。柳橙、黑巧克力。

Data

750㎖　43度

Line Up

12年／Distillers Edition

Talisker 10 years

泰斯卡 10 年

「泰斯卡」是內赫布里底群島最大島天空島唯一運作的蒸餾廠。天空島別名「海霧之島」，生產被調酒師評為「在舌尖上爆發般」具男子漢個性、充滿力量的麥芽威士忌，強烈且複雜的風味吸引眾多麥芽威士忌迷。

●香氣　泥煤、潮香。辛辣、藥草。加水後是香檳、更多的煙燻味。
●味道　中等酒體。甘甜中帶有煙燻及辛辣。苦味巧克力。

Data

700㎖　43度

Line Up

18年／57° North／Storm／Port Ruighe

Glenkinchie 12 years

格蘭昆奇 12 年

蒸餾廠位於首府愛丁堡以東約20公里一片遼闊平緩的丘陵上，遍布牧草地、大麥及小麥及馬鈴薯田。使用蘇格蘭最大等級的壺式蒸餾器，生產出酒體輕盈、優雅的傳統低地麥芽威士忌。同時也是全球高人氣的調和式威士忌「約翰走路」的重要原酒。

●香氣　溫柔甜美。穀物、藥草、薄荷。高雅。加水後是花香。
●味道　輕盈酒體。溫柔甜美。奶油酥餅。餘味乾爽犀利。

Data

750㎖　43度

Line Up

Distillers Edition

Tomatin 12 years

湯瑪丁12年

蒸餾廠位於高地區的行政中心印威內斯以南24公里左右的湯瑪丁村。「湯瑪丁」是蓋爾語「杜松樹叢的山丘」之意。該村是從高地區到低地區的交通要塞，釀製的威士忌自古受到人們喜愛。這是一支內行人才知道的傳統高地麥芽威士忌。

●香氣　麥芽、藥草。新鮮但略帶泥煤味。加水後如熬煮過的蘋果。
●味道　強勁但極為平衡。堅果味。加水後滑順易飲。

Data

750㎖　43度

Line Up

12年／14年／15年／18年／25年

Glenmorangie Original

格蘭傑經典

「格蘭傑」是蓋爾語「廣大的寂靜山谷」之意。位於北高地區的羅斯郡多諾赫灣南岸的泰恩鎮。這支單一麥芽威士忌使用特殊的天鵝頸型壺式蒸餾器，並在嚴選的橡木桶中熟成，在產地蘇格蘭獲得人氣第一。

●香氣　蜂蜜、香草。甘甜清爽。薄荷、柳橙。加水後如剛切開來的橡木。
●味道　甘甜平衡、滑順。薄荷、香料、椰子。餘味乾爽。

Data

700㎖　40度

Line Up

Lasanta／Quinta Ruban／Nectar D'or／Signet／18年／25年等

Longrow

朗格羅

雲頂蒸餾廠使用僅以泥煤烘乾48個小時的苯酚值50-55ppm的麥芽，再經過2次蒸餾，釀製出這支厚重且富油脂感的單一麥芽威士忌。酒齡與酒桶類型的絕搭，將「朗格羅」的個性及魅力徹底發揮出來。輕盈且頗有口感的絕佳平衡，完美表現出「朗格羅」應有的風貌。

●香氣　香草卡士達奶油、煙燻、藥草、芳醇的果實。加水後是烤過的麵包。
●味道　奶味、香草太妃糖、蘋果、藥品、烤扇貝。甘甜的煙燻味。餘韻是海水般的鹹味。

Data

700㎖　46%

Line Up

18年

Glengoyne 10 years

格蘭哥尼10年

蒸餾廠位於連結丹地與格里諾克、高地區和低地區的界線上。位置上雖然剛好在兩者中間，但所使用的水來自北方山丘，因此被劃分為高地區。特色是麥芽完全不用泥煤烘烤，因此酒質溫和平順。

●香氣　溫和平順。糖球。加水後更有水果的甘甜。
●味道　甘甜平順。加水後是苦味巧克力與柑橘果醬。

Data

700㎖　40度

Line Up

21年

CAOL ILA 12 years

卡爾里拉12年

「卡爾里拉」是蓋爾語「艾雷海峽」之意。蒸餾廠就位於波特阿西卡港以北，面對可望向朱拉島的艾雷海峽而建。蒸餾房裡有一長排壺式蒸餾器，外牆有一整面玻璃帷幕，從那裡望出去，是蘇格蘭首屈一指的美景。這是可充分品嘗到強烈煙燻風味的一支，很適合新手入門。

●香氣　泥煤、煙燻、藥品、篝火、切開的橡木。加水後是新鮮的甜味。
●味道　雖有泥煤味但酒體輕盈。芳甜。在篝火旁飲用般。加蜂蜜的牛奶般。

Data

700㎖　43度

Line Up

18年／Cask Strength

Glenfarclas 105

格蘭花格105

「格蘭花格」是蓋爾語「綠草原山谷」之意。這是斯佩賽的代表性蒸餾廠之一，始終堅守雪莉桶熟成及瓦斯直火蒸餾等傳統工法。酒名「105」表示酒精度數為105 proof（60度）。這也是英國前首相柴契爾夫人愛飲的一支而聞名。

●香氣　芳甜有勁、雪莉酒、水果乾、杏仁。辛辣。
●味道　豐郁有勁、蜜蠟、硫黃、鹹味焦糖。餘韻乾爽帶橡木味。

Data

700㎖　60度

Line Up

10年／12年／15年／17年／21年／25年／Family Cask（1954～1999）

Scapa Skiren

斯卡帕 Skiren

「斯卡帕」是維京語「貝殼床」之意。蒸餾廠與「高原騎士」一樣，位於奧克尼群島一處可眺望斯卡帕灣的高台上。採用一種只在這裡才看得到的羅門式蒸餾器，釀製出來的麥芽威士忌具有藥草、香料等複雜的風味。

●香氣　花香、藥草或花朵般的新鮮氣息。略有油脂感。加水後是香草、蜂蜜。
●味道　輕盈酒體且平穩、溫和。藥草及香料的風味久久不散。

Data

700mℓ 40度

Longmorn 16 years

朗摩16年

蒸餾廠就蓋在修道院的小教堂遺址上，於是命名為「朗摩」，蓋爾語的意思為「聖人之地」。這裡也因是「一甲威士忌」創始人竹鶴政孝學習釀製威士忌的地方而聞名。在為數眾多的斯佩賽麥芽威士忌中，這支酒被麥芽威士忌迷評為優秀的餐後酒。

●香氣　平穩卻有豐郁的果香。木瓜，加水後是淋上蜂蜜的厚片鬆餅。
●味道　中等酒體且濃郁。滑順甜美。略帶木頭味。

Data

700mℓ 48度

Scotch Whisky 4 ▸ KNOWLEDGE

調和式威士忌的基本知識

蘇格蘭威士忌，有高達8成是調和式威士忌。
讓我們一起認識這種易飲、有個性的威士忌吧！

以滑順的穀物威士忌襯托個性豐富的麥芽威士忌

蘇格蘭威士忌，依原料、製法的不同可分為麥芽威士忌、穀物威士忌、調和式威士忌3大類。

調和式威士忌是調和（混合）了麥芽威士忌後的酒，通常使用30～40種的麥芽威士忌加上3～4種穀物威士忌。

穀物威士忌是指以玉米、小麥等未發芽的穀物為主要原料而蒸餾出來的威士忌，通常用來調和，幾乎不直接飲用。

調和式威士忌是將滑順的穀物威士忌當作基酒之一，加上各式各樣麥芽威士忌的個性，使風味相得益彰的威士忌。

請你也品嘗一下單一麥芽威士忌沒有的、僅有調和式威士忌才喝得到的滋味吧！

調和式威士忌的歷史

調和式威士忌誕生的一大因緣是連續式蒸餾器的發明。第一部連續式蒸餾器是1826年羅伯特·斯坦（Robert Stein）發明的，之後加以改良並於1830年取得專利的是愛爾蘭人伊尼亞·考菲。因此，連續式蒸餾器又稱為「考菲蒸餾器」，就是以他的名字命名的。

透過連續蒸餾器，不但可以因連貫的蒸餾作業而大量生產，還因為在機器內部重複進行單式蒸餾之故，能萃取出酒精度數超過90度的高純度烈酒。

1840年代到1850年代，高地區的蒸餾業者沒有引進連續式蒸餾器的資金，而由位於格拉斯哥、愛丁堡等大都市近郊的低地區業者引進，開始釀製穀物威士忌。

引進連續式蒸餾器後，形成低地區為穀物威士忌、高地區為麥芽威士忌的形態。混合兩者，於是誕生了調和式威士忌。

例如……
百齡罈17年

百齡罈17年調和了4～5種口感輕盈滑順的穀物威士忌及40種以上個性豐富的麥芽威士忌。

英國皇家御用的蘇格蘭威士忌

有一支調和式威士忌直接冠名表示英國王室的「Royal Household」。英王愛德華七世還身為王儲時期，由詹姆斯．布肯南（James Buchanan）公司特別裝瓶這支皇家專用威士忌。由於發想出調和配方的人，是當時位於赫布里底群島哈里斯島一家名為「羅戴爾飯店」（Rodale Hotel）的負責人，因此這支酒很特別，於英國只在白金漢宮及這家飯店才喝得到，後來日本昭和天皇訪英之際，英國王室以此威士忌相贈，後來就特別出口到日本了。

[Blended Topic 1]

調和式威士忌的調配方法

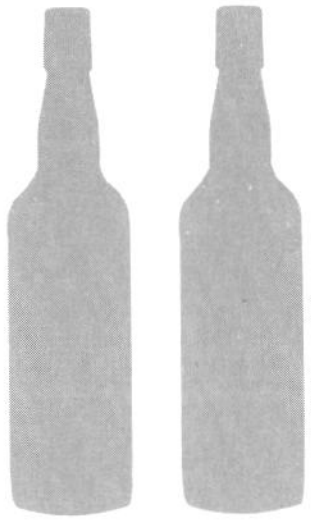

穀物威士忌原酒

登巴頓（Dumbarton）
史拉斯克德（Strathclyde）等

＋

麥芽威士忌原酒

雅柏、斯卡帕、格蘭多納等
40種以上

穀物威士忌年表

年份	事件
1826	羅伯特．斯坦發明連續式蒸餾器。
1830	愛爾蘭人伊尼亞．考菲改良連續式蒸餾器，取得14年專利。
1853	愛丁堡的安德魯．亞瑟（Andrew Usher）推出「老調和式格蘭利威」（Usher's Old Vatted Glenlivet）。
1860	安德魯．亞瑟將麥芽威士忌與穀物威士忌調和在一起，誕生出調和式威士忌。
1879	根瘤蚜蟲（phylloxera）肆虐，法國的葡萄園全滅。白蘭地取得困難，蘇格蘭威士忌便成為替代酒而消費量大增。

何謂調酒師？

調酒師就是將麥芽威士忌與穀物威士忌調和在一起的人。不過，調酒師的工作可不止於此。

將蒸餾好的原酒裝入橡木桶，再放進酒窖熟成，並進行抽樣等，調酒師要從頭開始創造威士忌，並且持續保持一定的品質，這點相當重要。

即使管理的方式不變，每一桶威士忌的風味與香氣依然有微妙的不同，因此不可能以機器管理，必須大力仰賴調酒師的感覺。而要培養出足以評價香氣、味道、風味的敏感度，僅能靠累積經驗。

從零開始，進行可千變萬化的調配作業後，完成一支酒，並且一旦問市，就必須維持不變的口味。調酒師真

在調酒師酒吧看見調和式威士忌的真髓

要公開調酒師調製的威士忌配方，可以說是天方夜譚吧！不過，在這家「一甲調酒師酒吧」，你可以品嘗到調製一甲威士忌的5種主要麥芽威士忌，以及已公開調酒師配方的調和式威士忌。因此，你能知道調酒師是如何調出威士忌的，進而與之更親近。

此外，透過比較5種主要麥芽威士忌而知道自己喜歡哪一類的話，就能掌握日後挑選威士忌的關鍵了。

除了5種主要麥芽威士忌之外，還能品嘗到未上市的穀物威士忌，也是這家酒吧的魅力之一。能夠喝到單一麥芽威士忌、穀物威士忌及調和式威士忌的酒吧，在日本也只有這裡了吧！

竹鶴政孝於蘇格蘭學習釀製威士忌時的筆記本。

即使熟成時間一樣，酒桶不同，顏色及香味便完全不同。最右邊是穀物威士忌。

是一項嚴格要求創造性與管理能力的職務，相當任重道遠。如果你覺得這是個可以整天泡在酒中的夢幻工作，就太天真了。

「一甲威士忌」首席調酒師久光哲司。

Data

一甲調酒師酒吧

Nikka Blender's Bar

地址：東京都港區南青山 5-4-31
TEL：03-3498-3338
營業時間：17:00 ～ 23:30
定休：週日、國定假日

Scotch Whisky 5

▶ BRAND

調和式蘇格蘭威士忌名鑑

本章介紹的是值得推薦的調和式威士忌名品。如前所述，調和式威士忌也各具個性，請你看仔細，挑選出可接受的一支。

Chivas Regal 12 years

起瓦士12年

前身是1801年於亞伯丁成立的飯店。一度歸加拿大的「施格蘭」(Seagram)公司所有，不過目前是在保樂力加公司旗下。擁有位於斯佩賽地區的格蘭利威、朗摩、史翠艾拉、托摩爾(Tormore)等12家蒸餾廠，以斯佩賽麥芽威士忌為主要基酒，調和出這支溫和的蘇格蘭威士忌名品。

●香氣　純淨輕盈。花果香、芳甜華麗。柑橘系水果。
●味道　酒體輕盈，但有溫和的水果味。檸檬與青蘋果。平衡絕佳。

Data

700㎖　40度

Line Up

12年／18年

Ballantine's 12years

百齡罈12年

百齡罈這支調和式蘇格蘭威士忌，銷售量占全球第二大，在歐洲的人氣不動如山。百齡罈公司創業於1827年，一度歸加拿大的「希拉姆沃克」(Hiram Walker)公司所有，但目前是在保樂力加公司旗下。以斯佩賽的米爾頓道夫(Miltonduff)、格蘭柏奇(Glenburgie)為主要的麥芽基酒。

●香氣　芳甜溫和。豐郁的甜味、高雅的香氣。
●味道　溫潤滑順。甜美柔和。口感溫和飽滿，平衡極佳。

Data

700㎖　40度

Line Up

Finest／17年／21年／30年

Whyte & Mackay Special

懷特馬凱紅獅

品牌名稱來自創始人詹姆斯．懷特(James Whyte)與查爾斯．馬凱(Charles Mackay)。混合麥芽原酒再後熟，然後加入穀物原酒再次後熟，釀製出圓潤的風味。該公司位於格拉斯哥。

●香氣　熟成時間短，但溫和且順口。有麥芽及成熟水果的芳香。
●味道　溫潤中帶勁，不會喝膩。有水果乾及堅果般的風味。

Data

700㎖　40度

Line Up

13年／19年／22年／30年

Old Parr 12 years
老帕爾12年

老帕爾確有其人，是一個名叫湯瑪斯．帕爾（Thomas Parr）的英國人。據說老帕爾活到152歲，葬於王室墓所倫敦西敏寺。製造商為麥當勞．格林里斯（Macdonald Greenlees）公司，在日本及東南亞擁有超高人氣。酒標上的老帕爾肖像由17世紀巴洛克代表藝術家魯本斯所繪。

●香氣　溫和飽滿。果香。平衡絕佳，略帶煙燻味。
●味道　以這個等級的酒來說算是飽滿濃郁。香甜辛辣。餘韻怡人。

Data

750mℓ 40度

Line Up

Classic 18年／Superior

Cutty Sark
順風

「Cutty Sark」一語來自1869年建造的快速帆船「卡蒂薩克號」。倫敦老牌酒商「貝瑞兄弟與路德」（Berry Bros. & Rudd）為進軍北美市場而於1923年推出這支酒，酒體輕盈得如帆船般爽快，是一支追求原味的蘇格蘭威士忌名品。以斯佩賽的格蘭露斯為主要基酒，再調和高原騎士與麥卡倫。

●香氣　檸檬、青蘋果、柑橘系水果。輕盈卻芳甜華麗，而且平衡優越。
●味道　輕盈酒體。柔和絲滑。辛辣。餘味清爽。

Data

700mℓ 40度

Line Up

Original／12年／18年

Bell's
貝爾

英國酒館必備的威士忌。又因為讓人聯想到婚禮的鈴鐺，在英國，這支威士忌被當成祝賀酒而大受歡迎。廣告詞「Afore ye go」意為「諸位前進吧」，據說是亞瑟．貝爾（Arthur Bell）在乾杯時喜歡說的話。高地區的布萊爾阿蘇（Blair Athol）及斯佩賽的達夫鎮（Dufftown）是主要的麥芽基酒。

●香氣　清爽的甜味，輕盈乾淨。柑橘系水果。如穀物般。
●味道　輕盈酒體。甜美乾淨。獨特的辛辣味，餘味乾淨利落。

Data

700mℓ 40度

Grant's Family Reserve

格蘭金筒

所謂格蘭特家族，是指1887年於斯佩賽達夫鎮創立「格蘭菲迪」蒸餾廠的威廉．格蘭特（William Grant）一家，之後經過6代家族持續經營。格蘭金筒是該公司的代表性蘇格蘭威士忌，以格蘭菲迪、百富、奇富（Kininvie）等調和。

●香氣　甜美豐郁。蘋果、鳳梨。柑橘系水果。薄荷醇。
●味道　溫潤滑順。濃郁怡人。酸甜辣平衡得相當好。

Data

700mℓ 40度

Dewar's

帝王白牌

被譽為蘇格蘭超級推銷員的湯瑪斯．狄瓦（Thomas Dewar）所創立的品牌，不僅在倫敦，在美國市場也獲得大成功。今天在美國，它仍是標準蘇格蘭威士忌的銷售冠軍。一般通稱它為「白牌」。以高地區的艾柏迪（Aberfeldy）與斯佩賽的雅墨（Aultmore）為主要基酒來調製。

●香氣　熟成時間短，但溫和且順口。有麥芽及成熟水果的芳香。
●味道　溫潤中帶勁，不會喝膩。有水果乾及堅果般的風味。

Data

700mℓ 40度

Line Up

White Label／12年／18年／Signature

Johnnie Walker Blue Label

約翰走路藍牌

世界最暢銷的威士忌，年銷量及金額皆為世界第一。1820年創業，「約翰走路」品牌名稱則是誕生於1870年代，系列陣容豐富，風味芳醇而強烈。商標「邁步向前的紳士」很有名。

●香氣　豐郁飽滿。甜美。洋梨、丁香、薄荷。略微的硫黃味。
●味道　甜美絲柔。杏桃乾、柳橙皮。複雜但尾韻恰如其分。

Data

750mℓ 40度

Line Up

Black 12年／Double Black／Gold／Platinum 18年／Blue／John Walker & Sons

Royal Household
皇家御用

「Royal Household」指的是「英國王室」。原為英國皇家獨享的美酒，不過日本昭和天皇訪英後，這支酒也就特別出口到日本，因此一般來說，只有日本人有喝這支酒的特權了。這是詹姆斯．布肯南公司的品牌，以該公司所擁有的達爾維尼（Dalwhinnie）、格蘭花格等45種原酒調和。

●香氣　絲滑飽滿、果香。洋梨、柳橙、丁香。怡人的香料味。
●味道　酸甜辣平衡得相當好。高雅又尊貴。酒體有點輕盈，但舒適感持久。

Data

750mℓ 43度

Royal Salute
皇家禮炮

皇家禮炮是英國王室重要活動時所施放的禮炮。這是為慶祝英國女皇伊莉莎白二世於1953年加冕所推出的紀念酒，並以皇家海軍鳴放21響禮炮的傳統精神命名，特別僅以熟成21年以上的原酒調和而成，相當高級。原本屬於限量品，但由於太受歡迎而成為基本酒款。起瓦士兄弟（Chivas Brothers）公司出品，以史翠艾拉等為主要的麥芽基酒。

●香氣　芳甜濃郁。果香。熟蘋果、蜂蜜、柳橙皮。
●味道　口感溫潤，如絲般滑順。豐郁飽滿。餘味辛辣。

Data

700mℓ 40度

vatted malt & blended malt

蘇格蘭威士忌協會（SWA）認為「vatted」難以理解，因此發出通知，凡是混合2種以上的原酒時，即使僅混合麥芽威士忌，也一律使用「blended」。然而，並非所有公司均加入SWA，例如布萊迪（Bruichladdich）等目前仍使用「vatted」，不過由於業界中已有九成加入SWA，大致算是統一成「blended malt」這個標示用語了。於是，蘇格蘭威士忌有「Single malt whiskey」（單一麥芽威士忌）與「blended malt whiskey」（調和麥芽威士忌）這2類。或許從此有必要習慣「blended malt」這個用詞了。

Scotch Whisky 6 ▼ CLOSE UP

探索3大蘇格蘭威士忌的真正價值

3款號稱3大蘇格蘭威士忌的酒款有何魅力？且聽日本銀座老牌酒吧「Doulton」的負責人石澤為我們解答。

解說人

石澤 實

昭和12年(1937)生。早先任職於汽車公司，後來進修調酒師。30歲時，亦即昭和43年(1968)開設了「Doulton」。調酒師是他的志業。他也是第一個將麥卡倫介紹給日本的人。

麥卡倫

[The Macallan]

3大蘇格蘭威士忌，
首先登場的是「單一麥芽威士忌的勞斯萊斯」。

與麥卡倫邂逅於45年前的安德魯斯島

英國蘇格蘭北部的斯佩賽有51家蒸餾廠，是麥芽威士忌的一大產地，也是麥卡倫的發祥地。麥卡倫被倫敦老牌百貨公司「哈洛德百貨」出版的《威士忌教科書》盛讚為「單一麥芽威士忌的勞斯萊斯」。

「Doulton」負責人石澤表示：「這是1970年代起，在英國國內狂銷的麥芽威士忌，在斯佩賽中人氣高居第一。麥卡倫的調酒師也都給予了高度評價，著名的評論家邁克爾・傑克遜（Michael Jackson）給的評分是12年91分、18年96分。」石澤是45年前第一位將麥卡倫介紹給日本的人。

「1965年，我到蘇格蘭的安德魯斯島時，偶然喝到了麥卡倫25年。怡人的甘甜與雪莉酒的芳醇，讓我成了它的一大粉絲。如果要用一句話來描述它的魅力，就是『一切盡在美味

西元8世紀建造的麥卡倫辦公室。這家擁有悠久歷史的名門蒸餾廠，從很早以前就受到往來此地牧童們的喜愛。

講究釀製工法之「單一麥芽威士忌的勞斯萊斯」

右）採用斯佩賽最小的直火壺式蒸餾器，不惜費工費時慢慢蒸餾。左）「Macallan」是由蓋爾語「肥沃土地」之意的「Mac」與18世紀的基督教僧侶「Ellan」結合而來。

以香甜為特色的斯佩賽
是代表性的單一麥芽威士忌

環顧「Doulton」店內，到處都是麥卡倫，洋溢著石澤對麥卡倫的愛。

中』。」石澤直言。

「這種蘇格蘭威士忌很對日本人的味。」石澤如此直覺，回國後便開始與進口代理商交涉，想方設法終於進口成功。然後，1968年於銀座開設「Doulton」，酒架上便陳列了日本首見的麥卡倫。

「果然味道棒極了。經過口耳相傳，目前已經是日本最有人氣的單一麥芽威士忌了。麥卡倫非常講究釀製工法，採用優質的湧水，以斯佩賽最小的直火蒸餾器蒸餾，再裝入西班牙的歐洛羅梭（渾厚濃郁的雪莉酒）雪莉桶中熟成。隨著時間陳釀，雪莉酒的香氣、濃郁、滑潤感都會增加，最後誕生出這款名酒，被譽為單一麥

The Macallan
12 Years

麥卡倫
12年

麥卡倫的代表作。這支12年份在日本是標準款，具有放在雪莉桶熟成的香草芳香，以及些微的生薑與水果乾的芳香。口感有點柔軟。明亮的紅木色。
700mℓ 40度

The Macallan
Fine Oak 8 Years

麥卡倫
黃金三桶8年

在雪莉桶熟成的原酒中，加入波本桶熟成的原酒調和而成，是麥卡倫的新系列。比起「麥卡倫」，香味較輕盈，味道也較滑順。色澤是鮮艷的金色。
700mℓ 40度。

行家直授！ 私藏喝法

鏽釘雞尾酒
（Rusty Nail Cocktail）

在麥卡倫中放入微量的「法國廊酒 DOM」（通常使用「吉寶蜂蜜香甜酒」，此為老闆的獨門喝法），再倒入加了冰塊的老式酒杯（Old Fashioned Glass），攪拌。

半酒半水
（twice up）

建議麥卡倫與水的比例為1：1。使用常溫的礦泉水（儘量是軟水）。麥卡倫的香氣及味道都會更突出。

半冰半水
（half rock）

配合酒杯大小放入大冰塊，再注入與麥卡倫等量的水，輕輕攪拌，讓麥卡倫的風味更溫和。

芽威士忌的勞斯萊斯。如果是第一次喝，不妨從價格適當的標準型12年入手。」

The Macallan
30 Years

麥卡倫
30年

全雪莉桶熟成的30年份款。特色是深邃的熟成香與複雜氣味、飽滿且滑潤的滋味。贏得專家高度評價，為一完美熟成的麥卡倫名品。深紅木色。原廠裝瓶。
700mℓ 43度

The Macallan
18 Years

麥卡倫
18年

受全球威士忌迷熱愛的單一麥芽威士忌傑作。在雪莉桶中熟成18年，麥芽的深邃濃郁度更為凝練。水果乾、生薑、略微的辛辣香。明亮的紅木色。
700mℓ 43度

The Macallan
Cask Strength

麥卡倫
原酒

「Cask Strength」意為原酒。將在雪莉桶中熟成後的麥芽威士忌以原酒強度直接裝瓶。紅色酒標是專為進軍美國市場而出品的一支。偏紅的紅木色。
750mℓ 57.4度

Scotch 2

百齡罈

[Ballantain's]

要釀出極致的蘇格蘭威士忌，
必須有極品的麥芽，以及首席調酒師的絕技。

代表蘇格蘭威士忌的頂級調和式威士忌。

創始人喬治・百齡罈（George Ballantine）的肖像。故事從在愛丁堡為採購食品及酒類的顧客服務開始。

左）釀製蘇格蘭威士忌的四大要素：大麥、水、壺式蒸餾器、橡木桶。右）雙棱種大麥是麥芽威士忌的主要原料。百齡罈蘇格蘭威士忌只精選優質的大麥。

調和40種以上麥芽原酒與穀物威士忌類

百齡罈是由優秀的調酒師調和各種麥芽及穀物威士忌而成，極致的調和成果贏得「芬芳威士忌」美譽，廣受喜愛。

絕妙的調和技術釀出芳醇且溫潤的味道、香氣與餘韻。這種調和祕技已由一流調酒師代代傳承下來。

「百齡罈創業至今180多年，然而在這段悠久歷史中留下名號的首席調酒師，從創始人喬治・百齡罈到目前的桑迪・希斯洛普（Sandy Hyslop），僅僅5名而已。2005年退休的第4代首席調酒師羅伯・西克斯（Robert Hicks），精通蘇格蘭所有蒸餾廠的麥芽威士忌，能夠分辨4000種香味，是一位可讓風味千變萬化的調酒大師。

「百齡罈的代表作，是被譽為『蘇格蘭威士忌代名詞』的百齡罈17年，從北至奧克尼群島的斯卡帕蒸餾廠、西至艾雷島的拉弗格蒸餾廠，選取了約40種以上的麥芽原酒調和而成。主要的基酒是米爾頓道夫、格蘭柏奇等7種麥芽原酒，最後再加入穀物威士忌，調和成最頂級的蘇格蘭威士忌。」

百齡罈17年完成於1937年，而首次在東京上市是16年後的1953年，以高級威士忌之姿登台亮相。

「1960年代，一般上班族的起薪，一個月大約才7000～8000日圓吧，

2006年開始擔任首席調酒師的桑迪・希斯洛普。

絕妙的調和技術釀出溫潤的味道、香氣與餘韻。極致的「蘇格蘭威士忌代名詞」。

1968年開業的「Doulton」，是眾所肯定銀座最好的老牌酒吧。10坪左右的店裡擺滿了各種名酒。

然而那時一支標準的威士忌就要4700日圓了。在某個機緣下，我有機會喝到價格不菲的百齡罈，立刻被它迷人的香氣以及深邃的滋味嚇到。如今，百齡罈17年已在日本上市50多年了，一如威士忌的風味經過熟成而溫潤般，我整個人也變得圓融，人生也更有況味了。」73歲的石澤在磨亮了的吧檯裡面慢慢抽著菸斗，沉靜地說。

品嘗到百齡罈17年時，石澤便想成為一個能夠理解這種熟成後溫潤風味的人，而讓他抱持這種敬畏信念的琥珀色百齡罈，就輕輕放在他的吧檯上。

Ballantine's 12 Years

百齡罈 12年

前首席調酒師羅伯．西克斯全新調和出來的12年陳釀。發想原點是「加水、加冰塊皆能突顯香氣的蘇格蘭威士忌」。加水時的香氣最為平衡。
700mℓ 40度

Ballantine's 30 Years

百齡罈 30年

名門百齡罈公司的巔峰之作。僅使用歷經30年漫長歲月熟成、達到極致圓熟的原酒。香氣沉穩且深邃，味道芳醇而濃郁，不負蘇格蘭帝王之名。
700mℓ 43度

行家直授！ 私藏喝法

羅伯洛伊雞尾酒
（Rob Roy Cocktail）

取名自「蘇格蘭羅賓漢」羅伯洛伊。杯中倒入 3/4 威士忌、1/4 苦艾酒、安哥斯圖娜苦酒（Angostura bitters）1滴，再放入瑪拉斯奇諾（Maraschino）櫻桃，攪拌。

冰飲
（on the rocks）

必須使用不易溶化的大且堅硬的冰塊。冰冰的百齡罈紅璽仍有華麗的香味，因此只要隨興放入酒杯即可。簡單、美味。

兌水（水割）

完全攪拌均勻，反而會水水的，因此不必攪拌比較好喝。百齡罈紅璽 45 cc、水 60 cc。

Ballantine's Finest

百齡罈
紅璽

標準蘇格蘭威士忌中的暢銷酒款。澄澈的香味及圓潤的風味顛倒眾生。具備不輕不重而容易入口的氣質，是蘇格蘭威士忌的基本款。
700㎖ 40度

Ballantine's 17 Years

百齡罈
17年

被稱為極致的調和式威士忌。嚴選熟成 17 年以上的麥芽威士忌及穀物威士忌，口感渾厚且溫和，香氣深邃。
700㎖ 43度

Scotch 3

波摩

[Bowmore]

熟成酒窖位於浪花拍岸的海邊，是波摩威士忌的基礎。
潮香與微甜吸引眾多粉絲。

在海鷗飛舞的海邊等待熟成之時，「艾雷麥芽女王」

「於1779年創業，已有200多年的歷史，是島上最古老的蒸餾廠，為當地商人大衛．辛普森（David Simpson）所創，目前仍是少數使用地板發麥古法的蒸餾廠之一，如此堅守費工夫的釀法，讓人感受到職人的氣骨。

所謂「地板發麥」，就是將吸飽水分的大麥鋪在發芽室的地板上，師傅拿木鏟攪拌麥子，做成波摩專用的麥芽。再將適當發芽後的麥芽用熱風烘乾，這時候，用來烘乾的泥煤的煙燻味，就成為艾雷威士忌特有的煙燻風味了。

Bowmore
30 Years

波摩 30 年

波摩的頂級酒款。瓶身上的圖案，是以傳說棲息於蒸餾廠附近的「海龍」為意象。味道複雜，煙燻香氣恰到好處。陶製酒瓶，貴氣十足。
700mℓ 43度

Bowmore
18 Years

波摩 18 年

波摩特色的雪莉桶甜味非常明顯，是一支奢華款的麥芽威士忌。甜美的香氣與輕盈的煙燻香絕妙融合。複雜且豐富的香氣、味道自不在話下，美麗的紅木色更讓人沉醉在奢華的氣氛中。
700mℓ 43度

Bowmore
12 Years

波摩 12 年

在艾雷島的威士忌中屬於中等，因此是通盤了解艾雷威士忌最適合的一支。首次接觸蘇格蘭威士忌的人應該很容易接受。香氣為泥煤香與煙燻香。滑順且餘味綿長。
700mℓ 40度

行家直授！ 私藏喝法

半冰半水
（half rock）

準備堅硬大冰塊，倒入波摩與等量的水，輕輕攪拌。用愛丁堡水晶杯等美麗的酒杯來喝更美味。

邱吉爾雞尾酒
（Churchill Cocktail）

以前英國首相邱吉爾為名的雞尾酒。這裡特別使用波摩，比例是波摩 3/6、君度酒 1/6、苦艾酒 1/6、萊姆汁 1/6。

半酒半水
（twice up）

波摩與常溫水的比例為 1：1。要享受波摩獨特的海潮香，這種喝法最適合。請以鬱金香形的小酒杯飲用。

「波摩的泥煤香在艾雷島產的麥芽威士忌裡頭屬於中等。它的特色是微微的泥煤香與煙燻香之中，還有海水香與海草香、薰衣草香等華麗的花香混合其中，達到絕妙的平衡。它的魅力就是這種香氣。」石澤先生這麼說。

艾雷島最古老的蒸餾廠
釀製的單一麥芽威士忌

Data

Doulton
ダルトン

地址：東京都中央區銀座6-5-14　能樂堂大樓別館4F
TEL：03-3571-4332
營業時間：週一～週五17:00～翌日2:00、
週六17:00～23:00　定休：週日、國定假日
交通：東京Metro地鐵銀座線銀座站，徒步5分鐘
※收費1000日圓（附1～2樣小菜）

Whisky Lovers♥

愛戀波摩

一旦成為「波摩」俘虜便難以自拔。
本篇採訪了「波摩戀人」的「波摩之愛」。
希望你能窺見那無以言盡的愛戀。

攝影＝加藤史人

「用音樂表現威士忌的故事。」

Bowmore Lovers 01

DJ

沖野修也

（Kyoto Jazz Massive）

在俱樂部界屹立18年、居領導地位的「THE ROOM」的策劃人。同時也是DJ、音樂製作人、作曲家、世界唯一的選曲評論家、作家，身分多彩多姿。私底下是一大饕客。

Message to Bowmore

「正統、帶勁，波摩才有的煙燻味及豐富的濃郁感，正是魅力所在。」沖野心目中的波摩，是一支適合獨自靜靜品酌、度過悠閒夜晚時光的威士忌。

「音樂不必透過言語即能傳達。不過，言語能喚起一些意象。這點，或許威士忌也很相似。」沉穩道出這句話的，是製作CD《WHISKY MODE》的DJ KAWASAKI與選曲人沖野。這張CD表現出單一麥芽威士忌與音樂的新世界觀。為配合各種不同個性的單一麥芽威士忌，沖野除了貢獻自己作曲的作品，也精選出各類風格的樂曲。

與威士忌相配的音樂。那是怎麼組合來的呢？

「當然，有些感覺是喝了威士忌就能直接感受到的，這時候便會立即浮現出樂曲來。不過，我覺得這種感覺很有限。如果能更了解威士忌的歷史及背景，感受會更寬廣。」藉香氣、味道與言語力量來廣為認識威士忌的世界後，再用音樂表現出來。「當然，純粹享受威士忌是最好的，但有時認識一下威士忌的故事也不錯。對了，就跟閱讀音樂的解說一樣。」這支威士忌有什麼故事？適合怎樣的音樂？希望在何種場合品味……，邊思考邊面對一杯威士忌，這也是大人的樂趣吧！

最近高球雞尾酒頗受歡迎，「高球雞尾酒很適合用餐。啤酒不錯，但高球也不賴。」沖野似乎很喜歡。

「高球雞尾酒非常好喝。俱樂部這種地方的舞台可不只DJ檯而已，酒吧也是。就像介紹地下音樂一樣，我也想介紹酒的流行趨勢，於是思考了高球的未來。」沖野發想出以麥芽威士忌調出

沖野選曲的《WHISKY MODE》。配合單一麥芽威士忌的品牌，精選出可在各式場合享用的音樂。不變的俱樂部樂音，與隨著熟成而增加魅力的威士忌相融合。

來的莫希托（Mojito）。這種麥芽莫希托，不用萊姆酒而用單一麥芽威士忌「白州」，然後撒上薄荷，是一款風味清爽的雞尾酒。口感舒暢的白州與薄荷相當搭，評價極佳。

「我喜歡依場合選擇不同的服裝、鞋子與車子，酒也一樣。威士忌很有個性，所以我會依場合變換品牌與喝法。這種變化從好的意義來說，可以變換出一種新的心情。」

Data

THE ROOM

ザ ルーム

地址：東京都澀谷區櫻丘町 15-19
第八東都大樓 B1
http://www.theroom.jp/

麥卡倫

「像波摩一樣很有男人味，但麥卡倫有種時尚感。煙燻味中還嘗得到楓糖漿般的香甜。」與情人邊吃巧克力邊喝時，就可選擇這款酒。

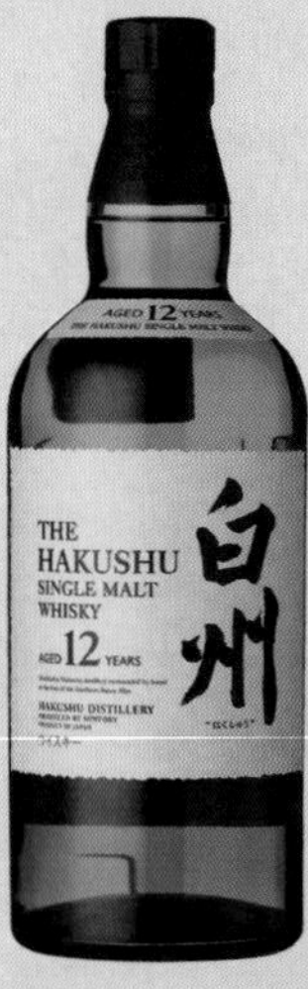

白州

「有水果風味，很輕，感覺很女性，予人一種嶄新的印象。要在派對上與朋友暢飲，就選這個吧！」THE ROOM 最受歡迎的雞尾酒「麥芽莫希托」使用的威士忌就是這支。

Whisky Lovers♥

愛戀波摩

在俱樂部中，酒吧也是舞台。
我也想介紹酒的趨勢。

在 DJ 檯上，威士忌也是沖野的好夥伴。如畫的瞬間。

Bowmore Lovers 02

作家

椎名　誠

1944 年出生於東京。作家、《書的雜誌》總編輯、攝影師、電影導演等，活躍於各領域。也在品川的「Canon Gallery S」舉辦攝影展。

「讓人感受到當地風土的單一麥芽威士忌。」

Message to Bowmore

據說第一次喝時，被貫穿鼻腔的感覺嚇到了。有很多碘酒的香味，也有海潮香。在蘇格蘭時，他會將波摩淋在牡蠣上吃。

在東京新宿的「池林房」，作家椎名誠邊以日本料理當下酒菜邊喝威士忌。

「我從年輕時就很喜歡威士忌。對了，就是這樣，從前我會把威士忌倒滿整個茶杯，然後邊喝邊寫稿。」

椎名將喜歡的波摩倒在杯中，邊豪飲邊笑著說。

「池林房」經常在他的文章中出現，因此粉絲們都知道他會在這家店出沒。居然一週來4次，等於一半以上的時間都待在這裡，而且必定會點他喜歡的啤酒以及威士忌。

「說到威士忌，當然是單一麥芽威士忌最好了。我因為工作的關係去了蘇格蘭，實際接觸後就知道它的好了。」

椎名曾在「三得利」的網頁上刊登《單一麥芽威士忌之旅》紀行文章。為了這項採訪工作，他走訪了蘇格蘭的蒸餾廠，與內心充滿熱情的師傅們暢談；夜晚則走進酒館，邊和當地人聊天邊品嘗當地美酒。據說，他就是這時候學會喝酒而意識到該國風土與酒的關係，並且從此再也離不開單一麥芽威士忌了。

一週來這裡4次，與朋友暢飲。

Data

池林房

ちりんぼう

地址：東京都新宿區新宿 3-8-7
吉川大樓
TEL：03-3350-6945
營業時間：
週一、二、三 17:30 ～翌日 2:00、
週四、五 17:30 ～翌日 5:00、
週六 16:30 ～翌日 5:00、
週日、國定假日 16:30 ～翌日 2:00
定休：不定期

Whisky Lovers♥

愛戀波摩

GLENDRONACH
15 Years Old

格蘭多納 15年

很喜歡格蘭多納15年，不過日本買不到，於是拜託在航空公司上班的朋友整批買回來。

※圖為格蘭多納12年。

Four Roses

四玫塊

這是波本威士忌中最常喝的一支。喝波本時，都是以純飲方式邊聞它的香氣邊喝。也喜歡「時代」（Early Times）與「哈伯」（I.W. Harper）。

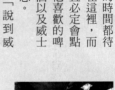

威士忌學堂 ▸ [1]

知道後會更愛威士忌！
我要好好用功學習了！

下酒菜

搭配下酒菜，酒就更美味、更有意思了。
這堂課是「下酒菜」。

用食材來襯托威士忌「下酒菜」讓美酒更美味

據說有種魔術會讓威士忌更美味。
那就是找到最適合下酒的菜肴，一起搭配享用。
這便是幸福的結合。

艾雷島 ✕ 水果乾

建議搭配水果乾或番茄乾

濃縮了甜味與酸味的水果乾、番茄乾，最適合作為味道確實的威士忌的下酒菜。還可以攝取礦物質與食物纖維。

泥煤香 ✕ 煙燻食品

用煙燻的香味來襯托泥煤香

泥煤香氣濃郁的單一麥芽威士忌，與芳香的煙燻食品最搭。尤其建議搭配煙燻魚或肉等冷食來享用。

單一麥芽威士忌 ✕ 巧克力

單一麥芽威士忌就要搭配巧克力

單一麥芽威士忌的苦香與巧克力極搭。把它想成與巧克力混合物是一對也很有意思。

雪莉桶 ✕ 重乳酪起司

起司宜選擇重乳酪系

起司是威士忌的基本良伴。尤其鹹味的重乳酪起司與所有威士忌都搭。也推薦藍莓起司。

高球雞尾酒與什麼都搭

高球雞尾酒與任何下酒菜都搭

單一麥芽威士忌的味道較獨特，能搭的下酒菜有限。沒有適當的下酒菜時，不妨在酒中加入通寧水或蘇打水，調成高球雞尾酒。也可加入檸檬皮來增添香味。

卡杜 × 生巧克力

卡杜（Cardhu）有著華麗的香氣，女性特別喜歡。牛奶般的口感與易融化的生巧克力絕搭。建議純飲或加冰塊。

格蘭利威 × 堅果巧克力

格蘭利威與任何下酒菜都搭，但它的餘味中有點堅果香，因此與堅果類超搭。建議純飲或半酒半水。

拉弗格 × 白巧克力

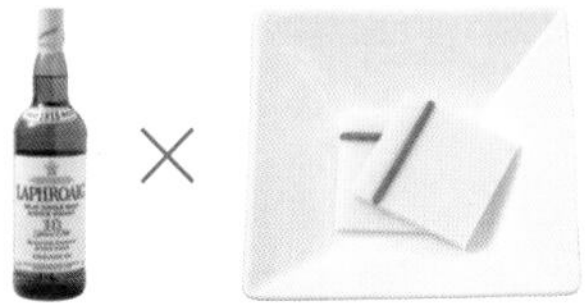

具濃郁果木香的拉弗格（Lahroaig），在快速蒸發的勁頭裡能捕捉到巧克力的香味，因此與白巧克力是不錯的搭配。

愛倫 × 橙皮巧克力

愛倫（Arran）有柑橘香與水果般的滋味，最適合搭配柳橙風味的巧克力、加了檸檬或醋的下酒菜。建議純飲或加蘇打水。

麥卡倫 × 焦糖巧克力

麥卡倫本身具有溶化砂糖般柔和的甜味及焦糖般的香草氣息，因此建議與焦糖味的巧克力一起享用。

高原騎士 × 苦味巧克力

在奧克尼群島釀製的高原騎士，特色是苦味巧克力般的香氣。建議以純飲方式搭配苦味巧克力，享受大人味。

找出食材與威士忌的共同點

威士忌下酒菜的選擇方法極為明快又有效率，基本上就是配合威士忌本身的風味、配合產地。例如，泥煤香強烈的艾雷麥芽威士忌搭配煙燻類的下酒菜。四周環海的艾雷島的威士忌，也很適合搭配海產或鹹味的下酒菜。

此外，若威士忌的香氣太強而找不到適合的食材時，加蘇打水調成高球雞尾酒就容易入口了，而且與所有食物都搭。特別是加拿大、愛爾蘭的調和式威士忌比較百搭。

威士忌學堂 ▶ [2]

知道後會更愛威士忌！
第2堂課開始了，要用功！

酒杯

喝酒就少不得酒杯。酒杯不同味道就變了?!
來了解箇中原因吧！

那還用說，請好好選擇 認真思考酒杯

講究酒的人很多，
仔細挑選酒杯的人卻很少。
就從邏輯開始學吧！

選擇最能襯托出麥芽威士忌魅力的酒杯

在單一麥芽威士忌專賣店「武藏野Authentic Bar REKI」之中，有麥芽威士忌專用的酒杯以及品酒杯等10種。「在本店，如果客人沒有特別指定，就會提供『力多』公司的酒杯。純飲的話，建議選用杯口小、可讓香氣持久的品酒杯。」青井說。

「酒杯不同，威士忌的風味就會大大改變。想要享受原味的話，最好選用杯緣較薄的酒杯。加冰塊後香氣會鎖住，所以請儘量先純飲，然後再冰飲，品嘗不同的個性。」

酒杯不同
威士忌也就不同

Teacher

武藏野 Authentic Bar REKI

青井謙治

擁有700支以上的麥芽威士忌。他表示，威士忌的個性不僅表現於味道，更表現於「香氣」。

武藏野 Authentic Bar REKI 愛用的酒杯

單一麥芽威士忌名店
精選之造形與功能兼具的數款酒杯。
基本上選同一類型的就沒錯了。

店內採站立式，不設座位。一整面牆排滿了700支以上的佳釀，可以實際拿在手上挑選，深具魅力。

Straight Glass

純飲杯

這裡不用烈酒杯（shot glass），但準備了很多麥芽威士忌專用的杯子，全都小巧玲瓏，奢華感十足，但與葡萄酒杯不同，杯腳多半比較短。這些酒杯都是為引出香氣而特別設計的。

SUNTORY

三得利

三得利的調酒師實際使用的原創品酒杯。酒廠也有販售。

GLENCAIRN

格蘭凱恩

Whisk-e公司的紀念品。威士忌酒杯名門格蘭凱恩製作。

RIEDEL

力多

專為單一麥芽威士忌製造的酒杯。杯緣薄，適合品酌纖細的味道與香氣。

GLENCAIRN

格蘭凱恩

據說目前蘇格蘭所有酒廠都是使用格蘭凱恩公司的品酒杯。

Kagami crystal

各務水晶

以皇室御用品而聞名的「Kagami crystal」冰飲專用杯。恰到好處的渾圓，非常好拿。

Rock Glass

岩石杯

建議使用具厚重感的水晶玻璃製岩石杯，理由是用氣氛來襯托美好的麥芽威士忌。為讓麥芽的琥珀色完美展現出來，宜選用設計簡單的杯子。當然，能否放進一大塊不易溶化的冰塊也是重點。

Baccarat

巴卡拉

毫無裝飾的巴卡拉水晶杯。透明度高，能讓麥芽的顏色更美麗。

Kagami crystal

各務水晶

與上一款為同系列，但這款造形俐落，更有男人味。與冰球、冰塊都很搭。

番外編

調成高球雞尾酒時使用長形圓筒杯

要確實品嘗麥芽威士忌的風味，基本上要純飲，但也很適合調成高球雞尾酒，這時候就會以長形圓筒杯提供。

Data

武藏野 Authentic Bar REKI

むさしの オーセンティック バー レキ

地址：東京都武蔵野市中町1-23-1　乙幡大樓2樓
TEL：0422-56-8212
營業時間：18:00～翌日2:00
定休：全年無休
http://www.bar-reki.com/

PICK UP !

與威士忌最搭的下酒菜？

請務必試試威士忌與「肉派」的完美結合。在蘇格蘭說到派就是指肉派，是滲透庶民生活的靈魂料理。

口感怡人的派皮裡，包著雖簡單卻滋味深邃的食材。

用純飲杯
品酌單一麥芽威士忌

藉著介紹麥芽威士忌搭配純飲杯的祕訣，
以及適合用純飲杯品酌的絕品蘇格蘭威士忌！

以高級酒杯 慢慢品酌高級美酒

原本不應只有單一麥芽威士忌，凡是味道、香氣皆細緻的酒，都應如此。

熟成年數長的威士忌，有些會與葡萄酒一樣，隨著接觸空氣的時間越長，香氣越飄逸出來。

近年，各家公司紛紛開發威士忌專用酒杯，不論哪一種，都將重點放在不讓香氣跑掉，而且做得比較小，杯緣也比較薄。修長形的酒杯讓玻珀色更美，更賞心悅目。

下一頁就為大家介紹適合使用純飲杯的蘇格蘭威士忌。

純飲的要訣

Point 1

用礦泉水當酒後水

建議使用日本人習慣的軟水。某家酒吧的老闆說：「沒有人會再次光顧酒後水難喝的店。」酒後水的作用在於清口，如果使用自來水，口中會殘留氯的味道，以致無法確實品酌到下一口威士忌的滋味了。

Point 2

注意倒入酒杯中的量

想品味單一麥芽威士忌的香氣，就不該斟滿酒杯。酒吧等餐飲店提供的分量，單份（single）是30㎖，雙份（double）是60㎖。最好使用專用的量杯，不過話說稍嫌不足的分量才是恰到好處。

建議用純飲杯享用的蘇格蘭威士忌

要品酌高級且會散發複郁香氣的單一麥芽威士忌，務必要用純飲杯！
以下介紹因純飲杯而更加芳香的威士忌。

Macallan 1969-2000

麥卡倫 1969-2000

這支39年的麥卡倫讓青井絕讚：「2009年我喝過的麥芽威士忌中最好喝的一支。」

Glen Elgin

格蘭愛琴

青井說：「這支酒絕非偶然，味道的完成度相當高。」務必品嘗一次。

Mosstwie 1979

摩斯圖威 1979

以羅門式蒸餾器釀製出來的代表性麥芽威士忌就是這支「摩斯圖威」與「格蘭克雷格」（Glencraig）。

愛此風格的人
必定上癮

Longmorn

朗摩

具香草氣味。以溫和的麥味揭開序幕，帶出柑橘果香，以些微辛辣感收尾。

酒瓶
也表現出
獨特的個性

Glendronach ALLARDICE

格蘭多納阿勒代斯

以蒸餾廠創始人為名的麥芽威士忌。雪莉酒的香氣強烈，可品嘗到如蜜般濃厚的甜味。

Glenmorangie Astar

格蘭傑設計師桶

首席釀酒師比爾‧梁思敦博士（Dr. Bill Lumsden）特別講究熟成橡木桶的一支。特色為濃厚的芳甜。

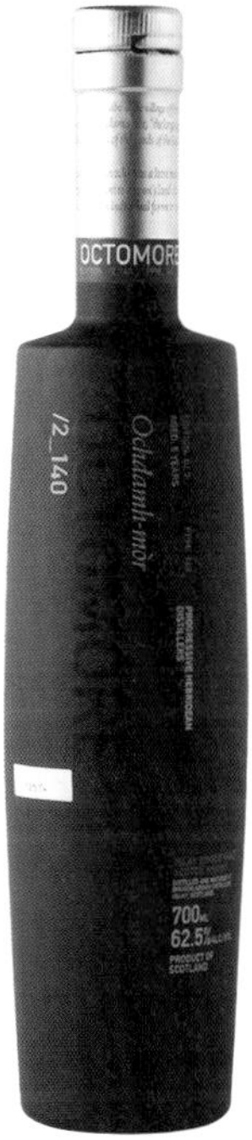

Octmore Edition /2_140

奥特摩
泥煤怪獸 /2_140

使用苯酚值為140 ppm的麥芽，為全世界泥煤味最重的麥芽威士忌，味道非常有個性、震撼力十足。

Old Pulteney

老富特尼

高地麥芽威士忌才有的圓潤口感，平衡絕妙。餘味有海潮香。

Glenlivet Nadurra

格蘭利威納朵拉

在首次填裝的波本桶中熟成16年。口感絲滑，可以感覺到蜂蜜般溫柔的芳甜。

Singe-single Bere Barley 1986

單桶貝雷大麥 1986

米榭·庫芙樂（Michel Couvreur）被尊為「陳釀的魔術師」，對蒸餾廠一向精挑細選，這是他精選後釀製出來的名品。

Balvenie Single Barrel

百富 單一酒桶

全球擁有超高人氣，據說每年秋天裝瓶，隔年春夏之間便銷售一空。

Macallan Gran Reserva

麥卡倫 紫鑽

在首次裝填的歐洛羅梭雪莉桶中熟成，略帶雪莉酒風味。

Ben Wyvis

本維斯

本維斯蒸餾廠於1965年創業，1977年關閉。如今算是近乎奇蹟般夢幻的一支了。

務必使用
可以提出香氣的
酒杯

Brora1982

布羅拉 1982

1969年起僅開業14年就停業的布朗拉蒸餾廠的麥芽威士忌。泥煤味極強，很多人一喝就上癮。

Strathisla 1967

史翠艾拉 1967

1960年代裝瓶的這支麥芽威士忌，各方面皆十分平衡，牛奶般的甜香非常美妙。

PICK UP !

世界級威士忌評論家

邁克爾·傑克遜（Michael Jackson）**設計的酒杯**

比葡萄酒用的品酒杯小一號，附杯蓋的設計令人印象深刻。杯蓋是為盡情享受威士忌香氣而設計的。

建議依用途分開使用 極品威士忌杯

威士忌杯有各種形狀、各種品牌。
找到中意的一支，
威士忌會更美味！

全球第一 專為不同酒款設計的 品香酒杯

「力多」是一家擁有250年以上歷史的老牌澳洲葡萄酒杯公司。當初從製造波西米亞玻璃起家，然後拓展到窗玻璃、前照燈等玻璃製品，而開始傾心製造葡萄酒杯是在1950年代。

設計雖簡單，但是容量、厚度、角度、曲線等，無一不經過精密計算，深獲眾多名人愛用。如今不僅葡萄酒杯，單一麥芽威士忌、波本威士忌等專用杯也已陸續問市，當然，全是專為盡情享受各類酒款的個性而設計，價位適當的品項也不少。

形狀精準
宛如
酒杯精密儀器

RIEDEL
力多

力多

侍酒師系列
單一麥芽威士忌

獲得專業級酒杯評價。

侍酒師系列
單一麥芽威士忌

單一麥芽威士忌專家愛用。

Tambler

圓筒杯

通常是指杯身如圓筒狀的酒杯。調成高球、雞尾酒或水割時，當然要用這種圓筒杯。類型繁多，若考量日常使用性，建議準備幾個除了酒也適合其他飲料而用途廣泛的8盎司（240㎖）左右的杯子。

iittala Kaltio

伊塔拉 kartio幾何系列

「簡單最好！」的北歐設計風格。／Relax-Living

iittala aalto

伊塔拉 阿爾托

好拿、耐用，相當受歡迎。／Relax-Living

KAMI Long

原木杯

樸素的木杯，觸感柔和。／Relax-Living

USUHARI

薄玻璃

薄壁設計，追求喝起來很舒適的「松德硝子」的傑作。／Relax-Living

襯托威士忌風味的

酒杯 & 圓筒杯

選擇酒杯的標準很多，例如設計風格、是否好用等，而與任何威士忌都搭的簡單款是必備單品。話說回來，正因為酒杯是日常用品，品質不可輕忽。請選擇能讓你驕傲地說出：「買下它真好！」的酒杯吧！

Rock Glass

岩石杯

這是冰飲用的酒杯。這種酒杯不少都做了切割等裝飾性加工，但平時使用的話，建議選擇好用的，例如能夠放進冰塊、容易清洗的平底型酒杯。要展現琥珀色，當然選用透明酒杯。

Stolzle

索雅特

特色是杯身低，能讓冰塊如冰山般露出來。／ALESSI

Double Wall Glass

雙層杯

Bodum獨家的雙層構造，保冷效果極佳，冰塊不易溶化。／Bodum

PICK UP !

「shot」是多少分量？

1shot表示1盎司，約28㎖。原意是「一杯分量的酒」。據說過去美國並無威士忌兌水的習慣，因此通常一次點1盎司，久而久之便沿用下來了。

W烈酒杯（shot glass）的容量約為60㎖，也可當成量杯使用。

又稱為「single shot」的1shot酒杯。容量約28㎖左右。

The Greatest Glass

Baccarat

光芒昇華至藝術境界的至高工匠技藝
襯托出琥珀之美的世界頂級酒杯

「巴卡拉」是全球最頂級的水晶玻璃品牌。美麗的光輝與裝飾，具有讓人目不轉睛的魅力。

世界王公貴族喜愛的水晶光輝

「巴卡拉」於1764年創立。在路易15世的認可下，誕生於法國東部洛林地區的小村落。19世紀時，在巴黎萬國博覽會上，以優異的技術及設計贏得讚譽，從此聲名遠播全球，而其枝形吊燈的光輝，更是深獲世界王公貴族喜愛，成為「成功」的象徵。

「巴卡拉」於明治時代進入日本。當初的契機是大阪古美術商人春海藤次郎著迷於它的美麗，進而訂製茶具等。在鋪上榻榻米的茶室裡使用水晶茶具，這種新穎的構想贏得好評，從此陸續進口眾多作品。

聽到「巴卡拉」，腦中浮現的，是高透明度的水晶上所施作的精巧切工及雕刻裝飾。這些作品從創立伊始至超過250年後的今天，依然沒變。該公司相當重視秉持傳統及繼承歷史性遺產，目前推出的產品裡頭，有不少是19世紀設計出來的，另一方面，他們也與現代創作者合作，可說兼具追求嶄新創造性的靈魂。

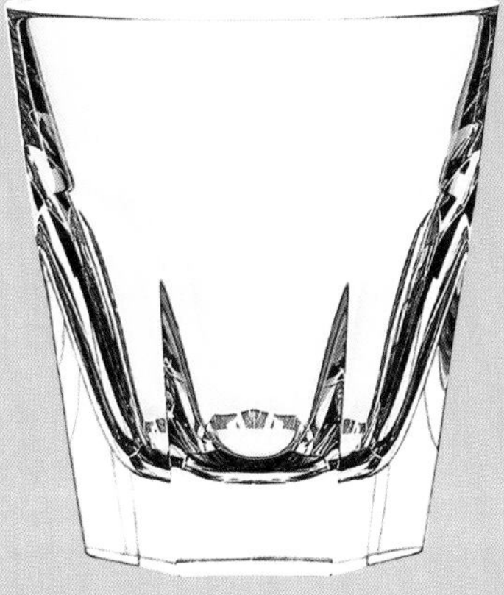

HARCOURT

哈寇特圓筒杯

拿破崙一世為尋找堅固又優雅的酒杯而走訪巴卡拉村，並看上一款酒杯。「哈寇特」系列就是以那款酒杯為雛型，再予以優雅化的傑作。由於是專為哈寇特侯爵家婚宴所製作的，因而冠上了侯爵之名。1841年以來，這系列成為巴卡拉的標誌般，受人喜愛至今。

BACCARAT COLLECTION

Contact Info For Inquries

「巴卡拉」專賣店　丸之內

東京都千代田區丸之內
3-1-1 國際大樓 1F
TEL：03-5223-8868

NEPTUNE

尼普頓圓筒杯

此系列與「深海」一樣，同為湯瑪斯·貝司堤（Thomas Bastide）所設計，是以羅馬神話中的海神為名。等距且有個性的切割能夠反射出美麗的光芒，一如其名，讓人聯想到遼闊的海洋與漣漪的波光瀲灩。恰好能一手掌握的渾圓設計極美。

ARMAGNAC

雅馬邑圓筒杯

以法國西南部一處白蘭地產地為名。整體施以獨特的切工，製造出男性風格的深邃陰影。此外，接近底部的切工設計，讓酒液流入時會因光的屈折及反射而更為絢麗。

MASSÉNA

馬塞納圓筒杯

1980年製作。「馬塞納」是一名陸軍元帥，被拿破崙稱為「勝利女神之子」。設計新穎，全球熱銷。乍見簡單，但渾圓的嶄新造形與流水般的切工完美結合，握在手中非常舒服。

也有高球雞尾酒專用的巴卡拉杯

MASSÉNA

馬塞納高球杯

「馬塞納」系列的高球雞尾酒專用杯。比圓筒杯高一點，鬱金香的外形更顯華麗，予人中世紀貴婦的溫柔印象。光彩會隨酒色而變化，十分美麗，是一支可享受「巴卡拉」特有洗練感的酒杯。

ROHAN

羅昂高球杯

此系列以法國小鎮為名，於1855年舉行的巴黎萬國博覽會獲得名譽大獎而聞名全球。以一條線無接縫地描繪出蔓草的圖案，這種技法名為「酸蝕刻」，為1855年「巴卡拉」開發的獨門技術。

ABYSSE

深海圓筒杯

特色是大面積的切工，呈現時尚感。「abysse」是深海、深淵之意，此系列是「巴卡拉」的主要設計師湯瑪斯・貝司堤（Thomas Bastide）的作品，2005年問市。側面的獨特切工能複雜地反射出光線，誘人進入水晶特有的深邃透明世界，是一支能享受「巴卡拉」高度工藝的佳作。

PERFECTION

完美圓筒杯

PERFECTION 意為完美。此系列是1886 年製作發表的作品，省略一切裝飾，表現出「巴卡拉」水晶素材的透明感、沉甸甸的厚重感及力量。雖然簡單，但美麗大方的設計，與威士忌沉穩的琥珀色相得益彰。

TALLEYRAND

德塔列朗
圓筒杯

此系列目前僅發展成酒吧等營業用酒杯，俐落的設計令人印象深刻。1937 年發表以來，人氣持續不墜。「德塔列朗」是路易十八世時實現王朝復辟的外交官。「巴卡拉」的系列名稱，有不少都是使用當時活躍的人物。精緻切工綻放出鑽石般的光芒。

PICK UP！

在「巴卡拉」直營酒吧實際使用看看

2003年開幕的「B bar」是一處體驗「巴卡拉」的空間。洋溢高級感的店內裝飾著枝形吊燈，所提供的飲料全部使用「巴卡拉」玻璃杯。獨家的威士忌「Cask B」頗受歡迎。很適合與重要的人在此度過紀念日。除了東京丸之內，六本木、大阪梅田也有分店。

Data

B bar Marunouchi

ビー バー まるのうち

地址：東京都千代田區丸之內3-1-1
國際大樓B1F
TEL：03-5223-8871
營業時間：16:00～翌日4:00
定休：週日、國定假日

以威士忌酒瓶保持風味力求完全演出

左為「馬塞納」、右為「哈寇特」的威士忌酒瓶。

除了酒杯，「巴卡拉」也發表了不少威士忌用的玻璃酒瓶（decanter）。果然達到裝飾效果。雖然都是威士忌，但裝進這種酒瓶裡，立刻高級感倍增。

❷

愛爾蘭威士忌

Irish Whiskey

深奧的愛爾蘭酒

相傳愛爾蘭威士忌是歷史最古老的威士忌。本篇將介紹4家具有獨特個性的蒸餾廠，並探索他們的淵源與現狀。

Irish Whiskey ❶ ▼ KNOWLEDGE

愛爾蘭威士忌的基本知識

首先，請先了解基本資訊。知道地理背景與歷史後，就能略見愛爾蘭威士忌的輪廓了。

以傳統工法釀製 因易飲而擁有高人氣

在隸屬英國的北愛爾蘭與愛爾蘭共和國生產的威士忌，就叫做愛爾蘭威士忌。目前共計有4家蒸餾廠，分別是新米德勒頓（Midleton）、波希米爾（Bushmills）、庫利（Cooley），以及於2007年重新運作的奇爾貝肯（Kilbeggan）。以巨大的壺式蒸餾器進行3次蒸餾的「純壺式蒸餾威士忌」（Pure Pot Still Whiskey）非常出名，然而目前仍以這種方法釀製威士忌的只有新米德勒頓蒸餾廠。一般認為愛爾蘭威士忌比蘇格蘭威士忌輕盈、易飲，受到全球喜愛。

Ireland
愛爾蘭

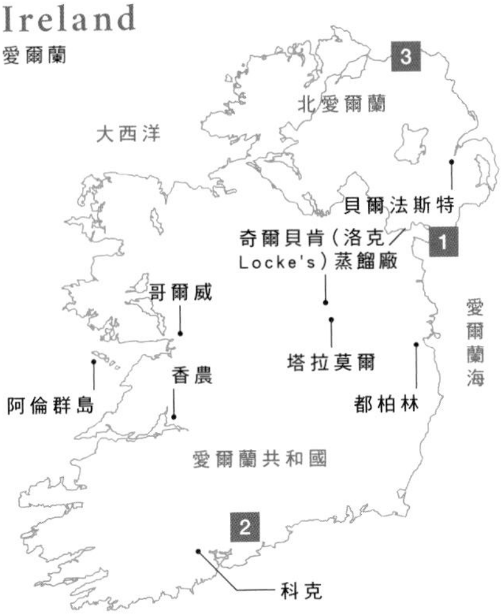

1

庫利蒸餾廠

1987年創業，是愛爾蘭威士忌蒸餾廠中最新的一家。由於是獨立資本的小規模蒸餾廠，因此不僅生產自家產品，也從事獨立裝瓶等業務。

2

新米德勒頓蒸餾廠

原本於1825年創業，以擁有世界最大的壺式蒸餾器聞名，一共擁有4座生產純壺式蒸餾威士忌的巨大蒸餾器。

3

波希米爾蒸餾廠

1608年獲得國王頒發的蒸餾執照，但實際建廠則是在1784年。是愛爾蘭難得的麥芽威士忌蒸餾廠。

[Irish Topic 1]

愛爾蘭威士忌傳統的3次蒸餾

過去，愛爾蘭威士忌被課以與蘇格蘭地區不同的賦稅方式，因此愛爾蘭威士忌使用的是大麥麥芽以外較便宜的穀物。

不過，使用裸麥、野燕麥等穀物釀酒，富油脂的穀物風味十分強烈，於是提高蒸餾精度以去除這種風味，亦即採用提高酒精度數的3次蒸餾。此外，還為了提高生產性而使用巨大的壺式蒸餾器。

愛爾蘭威士忌的歷史

愛爾蘭開始廣為從事威士忌蒸餾是16世紀以後的事。與蘇格蘭相同，原先是修道院獨占的威士忌蒸餾技術，於16世紀後半至17世紀之時傳到了民間，農民才開始釀製威士忌。不久後誕生了「布魯斯納」（Brusna）、「波希米爾」等商業蒸餾廠。1780年，「鮑街」（Bow Street）蒸餾廠於都柏林成立，從此，都柏林的大型蒸餾廠如雨後春筍般林立。都柏林威士忌之所以風靡一時，一般認為是它位於愛爾蘭中心地，靠近利物浦與倫敦等英格蘭都市的關係。

愛爾蘭威士忌的歷史雖悠久，但它完成目前特色卻是最近的事。約150年前，由於麥芽被課以重稅，能使用的量減少，於是出現使用大麥這個苦肉計，結果卻釀出具有高度大麥芳香而獨樹一格的愛爾蘭威士忌。近年，混合各種穀物而蒸餾的穀物威士忌也受到注目。

[Irish Topic 2]

關於「純壺式蒸餾威士忌」

「純壺式蒸餾威士忌」是原本傳統的愛爾蘭威士忌，使用大麥以外的穀物，然後以大麥麥芽使之糖化，再以巨大的壺式蒸餾器進行3次蒸餾。標示「純」是為了對抗蘇格蘭調和式威士忌，表示自己的威士忌是百分之百以壺式蒸餾器釀製出來的。

米德勒頓蒸餾廠的「知更鳥12年」(Redbreast 12 Years)。「Redbreast」是歐洲紅胸鴝。

「知更鳥」是20世紀初由「尊美醇」(Jameson)公司的鮑街蒸餾廠製造。

愛爾蘭威士忌 年表

- 1608 國王詹姆士一世授予北愛爾蘭安特里姆地區的地主湯瑪斯·菲利浦斯(Sir Thomas Phillips)蒸餾執照。
- 1757 布魯斯納蒸餾廠於奇爾貝肯成立，湯馬士街蒸餾廠於都柏林成立。
- 1780 尊美醇公司的鮑街蒸餾廠於都柏林成立。
- 1801 愛爾蘭併入英國。
- 1831 伊尼亞·柯菲發明連續式蒸餾器。

爾蘭威士忌受到愛爾蘭獨立運動的影響，走上了衰退之路。

什麼是「都柏林4大」？

1780年「鮑街」蒸餾廠於都柏林利菲河左岸的「鮑街」這條街成立之後，同等規模的大型蒸餾廠便陸續誕生，例如1791年的「約翰巷」(john's lane)、1799年的「瑪路彭巷」(Marrowbone Lane)。這3家蒸餾廠，結合於1757年創業的「湯馬士街」(Thomas Street)蒸餾廠，合稱「都柏林4大」。

當時都柏林威士忌有多威呢？有歷史統計資料顯示，光一家「尊美醇」公司，年產量就超過450萬公升。當時蘇格蘭麥芽威士忌的平均年產量為數萬到數十萬公升，換句話說，數十家蒸餾廠加起來也敵不過都柏林的蒸餾廠。可惜的是，後來愛

Column

威士忌該怎麼拼音？

威士忌的拼音方式有「Whisky」、「Whiskey」2種。蘇格蘭威士忌使用前者，愛爾蘭威士忌與美國威士忌則多半使用後者。這種差別起因於19世紀後半，蘇格蘭威士忌與愛爾蘭威士忌的霸權之爭。愛爾蘭派在宣傳活動上宣稱：「為了區別蘇格蘭威士忌，我們今後採用『Whiskey』這個拼法。」

發明連續式蒸餾器的愛爾蘭人

在都柏林擔任收稅官的愛爾蘭人伊尼亞．柯菲，為了促進愛爾蘭地區威士忌產業的發展，設計出改良式的連續式蒸餾器。他一生都投注在連續式蒸餾器的發明與開發上。然而，柯菲的蒸餾器在愛爾蘭，特別是都柏林的廠商中評價不佳，結果無法在國內找到銷售管道，而由愛丁堡等大都市近郊的低地區蒸餾業者採用，開始釀製穀物威士忌。

- 1916 都柏林發生「復活節起義」。
- 1966 尊美醇、約翰．鮑爾斯(John Powers)、CDC合併成「愛爾蘭酒業集團」(IDG)。
- 1975 新米德勒頓蒸餾廠重新運作。
- 1987 約翰．泰林(John Teeling)在鄧多克(Dundalk)郊外的里弗斯敦(Riverstown)創設庫利蒸餾廠。
- 1988 IDG被法國的保樂利加公司收購，置於旗下。
- 2005 波希米爾蒸餾廠轉到帝亞吉歐公司旗下。

Irish Whiskey ② ▸ BRAND

愛爾蘭威士忌名鑑

那麼，我們來看看主要品牌吧！
酒標很有意思，外觀魅力十足。

Kilbeggan
奇爾貝肯

庫利蒸餾廠讓這支愛爾蘭調和式威士忌重新復活。以庫利的麥芽原酒調和庫利的穀物原酒而成。奇爾貝肯於1757年創業，是愛爾蘭現存最古老的蒸餾廠。目前已變成博物館，但2007年又開始小規模運作。

●香氣　輕盈、乾淨。柑橘系水果、檸檬、荔枝。油脂。穀物油。
●味道　輕盈酒體。勁辣。柳橙皮。略帶油脂。

Data
700mℓ　40度

Bushmills
波希米爾

蒸餾廠位於英國北愛爾蘭的安特里姆郡，1608年創業，號稱世界最古老。使用愛爾蘭傳統的3次蒸餾法，但所調和的麥芽威士忌，原料僅使用大麥麥芽。1885年經歷火災後，建築被改成蘇格蘭風。單一麥芽威士忌有10年、16年2種。這支則是加了穀物的調和式威士忌。

●香氣　輕盈順滑、芳甜。有點穀物感。油脂、餅乾。
●味道　輕盈酒體。有油脂感但清爽。香甜及巧克力滋味緩緩湧現。

Data
700mℓ　40度

Tullamore Dew

愛爾蘭之最

蒸餾廠位於愛爾蘭中部的塔拉莫爾，1829年創立。丹尼爾·E·威廉斯(Daniel E Williams)經營的時代，以自己名字的第一個字母而取名為「dew」。不過，「dew」也有「露水」之意。以愛爾蘭威士忌來看，其銷售量僅次於尊美醇。目前由新米德勒頓蒸餾廠釀製。

●香氣　穀物的芳甜、柑橘系水果。乾淨輕盈。略帶熱帶水果香。
●味道　輕盈酒體。甜美的水果味。油脂感、順滑。很有愛爾蘭威士忌風味的一支。

Data

700mℓ 40度

Line Up

Tullamore Dew 12年

Jameson

尊美醇

由蘇格蘭出生的約翰·詹姆森(John Jameson)於1780年在都柏林創業。1800年代中期，被譽為「都柏林4大」。因二次世界大戰及愛爾蘭獨立戰爭而衰退，目前由位於科克郡的新米德勒頓蒸餾廠釀製。部分原料使用未發芽的大麥，堅守傳統。

●香氣　乾淨輕盈，但荔枝、生薑般的香氣怡人。油脂。
●味道　焦糖味與些微雪利酒香味，具豐厚滑順的餘韻。

Data

700mℓ 40度

Line Up

12年／18年

Tyrconnell

蒂爾康奈

同為庫利蒸餾廠所生產的單一麥芽威士忌，但康尼馬拉(Connemara)使用蘇格蘭產的泥煤麥芽為原料，蒂爾康奈則是使用愛爾蘭產的無泥煤麥芽。原本為位於北愛爾蘭的艾比(Abbey)蒸餾廠的品牌，後來被庫利買下而復活。

●香氣　輕盈卻有明確的麥芽甜香，也有洋梨、薄荷般的香氣。
●味道　酒體清爽輕盈。麥芽、洋梨糖果。平衡佳，令人愉悅。

Data

700mℓ 40度

Whisky Lovers♥

與威士忌一起生活

「為羅曼蒂克的香氣所惑，今宵也來一杯。」

作家

田中四海

熱愛品味威士忌等美酒的自由作家、散文家，同時也是品酒師、占卜師。著作有《享受單一麥芽威士忌的方法》（シングルモルトの愉しみ方，學研）、《用英語占卜你的運勢》（英語の占う「あなたの運勢」，講談社國際）等。

「悠閒地享受威士忌羅曼蒂克的香氣，這樣的時光好奢侈啊！」田中四海說。

今晚喝的是竹鶴17年。

「果實、焦糖、葡萄乾似的香氣中，有著恰如其分的木桶陳年香，非常迷人。酒杯空了仍會散發出怡人的芬芳，讓人沉浸在美妙的餘韻裡。」

「享受香氣這點與葡萄酒類似，但威士忌有純飲、冰飲、兌水等，喝法多樣，而且開瓶後不必急著喝完，比較沒壓力。」

四海中意的格蘭傑納塔朵，是在波本桶中熟成10年以上，再裝進蘇玳葡萄酒桶中後熟的單一麥芽威士忌。

「它有檸檬塔的酸甜，以及用糖蜜煮過的柳橙香。香草滋味中略帶微苦。加一點水，糖果般的芳甜便擴散出來。」四海說她偶爾會在上面放冰淇淋，用吃甜點般的心情享用。

My favorite Whisky

竹鶴12年

調和了「一甲威士忌」的余市蒸餾廠、宮城峽蒸餾廠長期熟成的麥芽威士忌而成的純麥芽威士忌。陳釀香氣剛剛好，味道雖複雜，但調和得非常平衡。

響12年

調和了在梅酒桶之中熟成的麥芽原酒，以及熟成超過30年的麥芽威士忌等，具有鳳梨、覆盆子、蜂蜜、香草等香味，而這些正是所謂的日本味。建議請先純飲。

泰斯卡10年

香氣令人聯想到天空島的大海，帶煙燻味且辛辣。酒精度數為45.8度。雖有強烈的碘酒味，但帶勁的口感中也感覺得到焦糖芳甜。特異的個性裡藏著天真，如謎樣的人物。

根據當天的心情與所選的品牌，有時純飲、有時兌水等，享受自在的喝法。一旦成為常客，就會在吧檯與調酒師聊開。

Data

Lafayette

ラファイエット

地址：東京都澀谷區東 4-9-13

TEL：03-3499-0886

營業時間：20:30～翌日4:00 定休：無

（店家表示：「搞不好客人會每天來……」）

為威士忌

窮究一切的人

Whisky Lovers♥

與威士忌一起生活

「被單一麥芽威士忌的香氣震撼到。」

「BAR EVITA」
調酒師

佐佐木雅生

調酒師。2008年進入「Malt House Islay」公司。取得蘇格蘭威士忌文化研究所的威士忌專業資格。曾在「Islaybar Tokyo」任職，目前在東京銀座的「BAR EVITA」擔任調酒師。

「BAR EVITA」位於東京銀座，店內擺滿了蘇格蘭威士忌、愛爾蘭威士忌，以及日本所有的單一麥芽威士忌品牌。「BAR EVITA」的調酒師佐佐木表示，他第一次喝單一麥芽威士忌的時候，就被它的香氣震撼到，從此一頭栽入單一麥芽威士忌的世界。

「從前我因為不太敢喝威士忌，於是都加可樂甜甜地喝，然而第一次喝『波摩』時嚇了一大跳，心想我之前都在喝什麼威士忌啊！」

得知雖然都是威士忌，但味道非常多樣，種類不同味道便天差地別之時，佐佐木就開始自修威士忌了。他說，越了解單一麥芽威士忌的深奧就越上癮。

店內每一種單一麥芽威士忌的味道，佐佐木都記得清清楚楚。

「先從書本記下品牌，實際嘗試之後，就用舌頭記下味道。現在連假日外出喝酒，也會不知不覺點了威士忌。」

My favorite Whisky

班瑞克1975 現代大師

1975年的單桶原酒。淡淡的琥珀色，香草與牛奶般的香氣，含在嘴裡就有葡萄柚皮內側白色部分的香氣。餘味乾爽。

朗摩1978 25年 蘇格蘭麥芽威士忌協會 No.7.24

僅蘇格蘭麥芽威士忌協會會員才買得到的原桶強度，25年份。南洋水果系的水果香氣華麗。

雲頂10年 「Islay bar」的私人裝瓶

從大麥的發芽到裝瓶，一貫作業全部在雲頂蒸餾廠進行。特色為甜甜的香氣，易飲，是女性也無法抵擋的單一麥芽威士忌。

一整面牆全是單一麥芽威士忌，能在古典樂流洩的沉靜空間中享用。調酒師會仔細詢問你的喜好，因此可以在這裡找到你喜歡的一杯。

Data

BAR EVITA
バー エビータ

地址：東京都中央區銀座8-4-24藤井大樓9F
TEL：03-3574-5571
營業時間：18:00～翌日2:00
定休：週日、國定假日
http://www.bar-evita.jp

Whisky Major 5

3

日本威士忌

Japanese Whisky

日本人，一定要到達的終點

身為全球5大主要生產國之一，
日本，
好不驕傲，
表示實力獲得了全世界高度評價。

攝影＝大星直輝、喜多惠美、深澤慎平、三得利

Japanese Whisky 1 ▶ HISTORY

日本威士忌的品牌歷史

日本威士忌躋身5大威士忌之一。
本篇走訪山崎、余市、秩父這三家個性殊異的蒸餾廠，
探索日本威士忌的釀製與人物故事，
以及日本威士忌邁向未來的活力。

探索光榮的日本威士忌歷史

山崎

余市

伊知郎麥芽

山崎
Yamazaki

知道沿革即可窺得全貌
日本威士忌始祖的家譜

「希望釀製出符合日本風土的、
受日本人喜愛的威士忌。」
「壽屋」創始人鳥井信治郎在天王山麓開始編織的山崎物語。

蒸餾廠坐落於自奈良時代起即以「名水之鄉」聞名的山崎。這裡也是千利休經營茶室的山明水秀勝地，是一自然景觀豐富且四季美侖美奐的桃花源。

三得利
單一麥芽威士忌
山崎 12年

代表日本的威士忌品牌。以日本的風土、感性，以及自創業傳承下來的工匠技藝釀製而成。

「樽熟成」神祕所催生的威士忌

匯兌商人之子鳥井信治郎生於1879(明治12)年，13歲時在一家藥酒批發商工作。當時日本對西洋文明高度憧憬，而那是一間販售葡萄酒、白蘭地、威士忌等的時髦商店，信治郎在那裡學習到洋酒知識與最尖端的時代感。

20歲時，信治郎創立「鳥井商店」，釀製葡萄酒等，但不符合當時日本人的口味。他不斷地研究，然後於1907(明治40)年開始販售「赤玉紅葡萄酒」，結果一炮而紅，奠定了成為洋酒廠商的契機，從此店名改為「壽屋洋酒店」，事業步上軌道。

存放原酒的酒窖，每一支酒都有獨特的個性。山崎蒸餾廠的威士忌館保存約7000支樣本。

就在這時候，有一天信治郎無意中試喝到一種酒，那是利口酒用的烈酒放進葡萄酒舊桶中一段時間後的酒，他發現味道完全變了，並被這種歷經歲月而產生深邃香氣的「樽熟成」神祕深深吸引。

「想做出日本正統的威士忌。」雖然這麼想，但是當時普遍認為只有蘇格蘭威士忌與愛爾蘭威士忌才是正統

Brand History

- 1899年 鳥井信治郎創立鳥井商店。
- 1923年 鳥井信治郎著手創建日本第一座威士忌蒸餾廠山崎蒸餾廠。
- 1929年 首支正式的日本威士忌「三得利威士忌白札」誕生。
- 1930年 「三得利威士忌赤札」誕生。
- 1937年 「三得利威士忌角瓶」問市。
- 1946年 改良過的「Torys」威士忌登場。
- 1984年 「三得利單一麥芽威士忌山崎」誕生。
- 1989年 山崎蒸餾廠大改建。開始釀製各種麥芽原酒。
- 1992年 「三得利單一麥芽威士忌山崎18年」上市。
- 1995年 「三得利單一麥芽威士忌山崎10年」上市。
- 1998年 「三得利單一麥芽威士忌山崎25年」上市。
- 1999年 三得利創立100周年。
- 2003年 國際烈酒競賽(ISC)，「山崎12年」成為日本第一支獲得金牌獎的威士忌。
- 2005年 100日萬圓威士忌「山崎50年」限量發售。「山崎18年」榮獲舊金山世界烈酒競賽(SWSC)雙金牌獎(最佳金牌獎)。
- 2006年 引進小型壺式蒸餾器。「山崎18年」榮獲國際葡萄酒暨烈酒競賽(IWSC)金牌獎。
- 2007年 「山崎18年」榮獲ISC金牌獎。
- 2008年 「山崎18年」榮獲SWSC雙金牌獎(最佳金牌獎)。
- 2009年 「山崎18年」、「山崎12年」榮獲SWSC雙金牌獎(最佳金牌獎)。

威士忌，再加上建造蒸餾廠需要巨額資金，且必須長期等待熟成後才知道品質優劣，因此當成事業來做風險太高了。當然，公司員工與知己友人全都表示反對，不過信治郎說：「不做做看怎知道。」就這樣揭開了日本威士忌歷史的序幕。

接著，在日本全國各地挑選適合建造蒸餾廠的地點，最後從眾多候選裡挑中了自古即為知名水都的山崎。桂川、宇治川、木津川匯流而產生的霧靄，形成貯藏熟成威士忌的最佳氣候條件。

日本第一號「白札」，推出時的廣告詞為「國產頂級美酒」，但不被當時的日本人接受，於是繼續改良、摸索了好一段歲月。

「醒來吧，各位！迷信舶來品的時代過去了。」

1 三得利威士忌 Torys

戰後沒多久就上市的日本正統威士忌。廣告詞「便宜、好喝」抓住人心。

2 三得利赤札

1930年，「赤札」以「白札」弟弟的身分上市。將「白札」改良成適合輕鬆晚酌的日本威士忌。

3 三得利白札

1929（昭和4）年問市，是值得紀念的正統日本威士忌第1號。1964年改名為「White」。

壽屋（現「三得利」）創始人鳥井信治郎。他在日本人還不熟悉時，早一步發覺洋酒的魅力，於是運用天生敏銳的味覺與嗅覺，傾力釀製「適合日本人」的威士忌。

先人努力與歲月恩賜
蘊育出
多彩多姿的日本威士忌

釀製威士忌的過程之中，從選定原料大麥，到烘乾麥芽、投料、發酵、蒸餾、熟成，每一項因素皆會互相影響，因此形成複雜且豐富的味道與香氣。也就是說，每一款原酒皆祕藏著不同的個性而熟成下去。

一一研究這些要素，不斷追求「日本獨特的威士忌」，在原酒的改良與調和上精益求精。威士忌必須經過長年熟成，當初釀製原酒的師傅未必能夠迎接完成那一刻。所有的威士忌商品，都是繼承數十年前先人之業，嚴選出達至熟成巔峰狀態後的結晶。

山崎蒸餾廠也是經歷了十年，原酒貯藏量才算充實，

麥芽乾燥塔一直吐出煙霧，卻始終不見產品，於是謠傳出：「裡面住著一個專吃大麥的怪獸。」

才擁有各種深度熟成的原酒。1937（昭和12）年，一切就緒而上市的「12年陳角瓶」，終於魅惑盲信舶來品的蘇格蘭至上主義酒迷的味蕾，奪得高度評價。

於1930年上市的「赤札」，當初銷路不佳，翌年便因資金不足而停止生產。

自創業起慢慢改良的蒸餾器，共有形狀、尺寸不同的6種系統12座。一家蒸餾廠裡有各種形狀的蒸餾器，這在全世界實屬稀有，能夠釀製各種風味的原酒。

於世界發光的日本威士忌，是由「勇敢放手去做！」這種精神培育出來的。

1）原料大麥必須先經過發芽、烘乾、磨碎等工序。2）在麥芽汁裡加入酵母菌使之發酵。與乳酸菌很合的花旗松木槽。3）不同的橡木桶會醞釀出不同的琥珀色及深邃香氣。使用5種不同材質及大小的橡木桶。

不為人知的成功辛酸史

大平洋戰爭爆發後，對洋酒的控管及限制益發嚴格，而且空襲燒毀了總公司及位於大阪的工廠。山崎蒸餾廠雖然無傷，然而公司受到的打擊不可說不大，此時，次男佐治敬三從戰場歸來，加入公司。日本戰敗後一片混亂，黑市出現俗稱「粕取」、「爆彈」之類的劣酒。敬三對此狀況深感憂心，認為難道不能提供便宜且優質的威士忌嗎？因而提議製造調和穀物原酒的低價威士忌。信治郎雖然一向堅持使用麥芽原酒，但是也理解敬三的想法，決定為陷入戰敗失意與虛脫中的日本人提供便宜又美味的威士忌。所幸山崎蒸餾廠未遭戰火肆虐，於是在終戰8個月後，推出以山崎的貯藏原酒為基底的「Torys」，廣告詞「便宜、好喝」獲得了壓倒性支持，「Torys酒吧」大受歡迎，從

首席調酒師輿水精一。進入三得利公司後，先是隸屬多摩川工廠的調製團隊，然後在山崎蒸餾廠負責品質管理、貯藏等業務，再擔任調酒師室課長。目前擔任新酒調配研發以及品質監控等工作，以「決定威士忌品質的最終評價者」之姿活躍於業界。

戰後洋酒風潮中
終於開花結果的威士忌文化

1）威士忌釀製工序從大麥的發芽、烘乾、磨碎、糖化開始。2）封存於酒桶，然後於酒窖中沉眠的原酒。酒桶微微呼吸，酒液悠悠熟成。3）從後面青翠山脈湧出的清冽地下水。滲入地底的雨水經過長年歲月積累，於此地湧現。

2

3

1

此，越來越多的尋常家庭、普通人士也能夠享用洋酒，日本終於進入正式的洋酒時代。

之後，精益求精的品牌陸續登場。1961年，三得利在美國以日本威士忌品牌之名首次獲得商標認證，並成為世界5大威士忌之一。而後於1984（昭和59）年，日本第一支100%麥芽原酒製成的威士忌「山崎12年」問市。

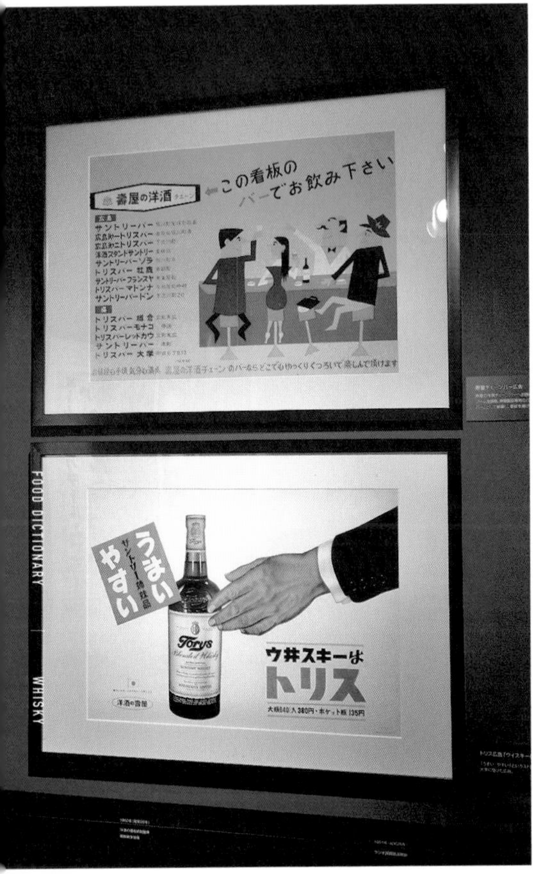

從戰敗後到高度經濟成長期可謂風起雲湧，就在此時，壽屋宣傳部以時髦且風格自由開放的廣告風靡一時，尤其「Torys」有多支富幽默感的名作大受歡迎，開高健、山口瞳等人才輩出。

山崎與白州

「山崎」在海外博得「高貴」美名，滋味圓潤芳醇。「白州」以富含礦物質的水來釀製，風味純淨馨香。

山崎蒸餾廠

地址：大阪府三島郡島本町山崎 5-2-1
TEL：075-962-1423（9:30 ～ 17:00）
http://www.suntory.co.jp/factory/yamazaki/
交通：JR京都線山崎站、阪急京都線大山崎站，徒步10分鐘
營業時間：10:00 ～ 16:45（團體參觀～ 15:00）
定休：歲末年初、工廠停工日

余市
Yoichi

誕生於北海道
效法蘇格蘭的勝地 釀製出來的名酒

日本威士忌躋身全球5大威士忌之列。
故事之初，
有一段某年輕男子於北方大地展開的熱血物語。

「余市」是北海道余市蒸餾廠釀製的單一麥芽威士忌。創始人堅持秉承在蘇格蘭學習到的釀製工法。12年陳的特色是木桶陳釀香氣以及沉穩的泥煤香、持久的豐富滋味。15年陳的特色是豐富的熟成香氣與絲滑般的口感。

紅色三角屋頂建築是麥芽乾燥樓。就在這裡燃燒泥煤，進行用煙烘乾麥芽的工序。

為釀製威士忌而奔走的青年 竹鶴政孝

「50年前，一位聰明的日本青年過來，用鋼筆與筆記本偷走了英國搖錢樹威士忌的釀製祕方。」

1962年英國副首相訪問日本時說了這段話。這裡的日本青年指的就是「一甲威士忌」（Nikka）創始人竹鶴政孝。他出生於釀酒店，學會釀酒技術之後進入了「攝津酒造」，上司要求他：「希望你去學習釀製正統威士忌的方法。」於是他銜命遠赴蘇格蘭。不過，1921年學成歸國後，等待他的是第一次世界大戰後嚴重的經濟蕭條。

就在竹鶴打算放棄釀製正統威士忌的計畫之際，遇上壽屋（現「三得利」）的鳥井信次郎，而有了一大轉機。鳥井正計畫在日本國內生產正統威士忌，將目光放在竹鶴身上。

鳥井表示：「無論如何都想製造正統的威士忌。」於是竹鶴接受其邀約，於1923年進入壽屋。他參與大阪山崎蒸餾廠的建設案

展示於蒸餾廠辦公室的「一甲威士忌」創始人竹鶴政孝的肖像。日本威士忌之父的眼光銳利，頗有威嚴。

Brand History

- 1934年　成立「大日本果汁株式會社」。
- 1940年　開始販售威士忌。
- 1950年　首支三級威士忌「Special Blended Whisky」問市。
- 1952年　公司更名為「一甲威士忌」。特級威士忌「Black Nikka」上市。
- 1962年　「Super Nikka」上市。
- 1963年　開始釀製穀物威士忌。
- 1999年　將穀物威士忌製造設備移至仙台工廠。
- 2001年　「單桶余市10年」獲得《威士忌雜誌》（*Whisky Magazine*）評選為「Best of the Best 2001」最高榮譽。
- 2002年　余市麥芽威士忌獲得蘇格蘭麥芽威士忌協會（SMWS）認證。
- 2007年　「單一麥芽余市1986」榮獲「最佳日本單一麥芽威士忌」獎。
- 2008年　「單一麥芽余市1987」榮獲「全球威士忌大獎」（WWA）全球最優秀獎。
- 2009年　「單一麥芽余市15年」榮獲ISC金牌獎。「竹鶴 21年純麥」榮獲WWA全球最優秀獎、ISC最高榮譽冠軍獎盃。

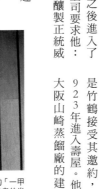

余市蒸餾廠最大特色是使用這種煤炭來蒸餾。

等，致力正統威士忌的釀製工程。10年後合約期滿，他離開壽屋，在從以前就認為是釀製威士忌勝地的北海道余市建立「大日本果汁株式會社」，亦即今日「一甲威士忌」的前身。

如今，余市蒸餾廠依然秉持竹鶴創立之初的釀製工法。這些釀製工法全都記錄在竹鶴的報告書之中，以精密的插圖以及文字匯整出他在蘇格蘭所學習到的一切。這就是那位英國副首相提到的筆記本，俗稱為「竹鶴筆記」。

據說北海道有許多煤礦城鎮，創業當時就是使用北海道的煤礦。而且在環保方面下足了工夫，例如不讓工廠冒出黑煙等。

「想釀出美味的威士忌。」
竹鶴在余市找到了釀酒勝地。

爐中煤炭熊熊燃燒，讓人感受到釀製威士忌的活力。

「一甲」公司旗、日本國旗一起飄揚於北國天空。
這是象徵余市蒸餾廠的一景。

關於催生日本威士忌的「竹鶴筆記」

在余市蒸餾廠擔任威士忌顧問的小原祈表示：「在蒸餾現場不可能做筆記，應該是每天回宿舍後記錄下來的吧？這些筆記是日本釀製威士忌的出發點，也是竹鶴政孝對釀製威士忌的熱情展現。」竹鶴筆記真品展示於蒸餾廠內的博物館。

余市蒸餾廠採用竹鶴當年於蘇格蘭學到的方法來釀製威士忌，最具代表性的例子就是用煤炭來蒸餾。近年來日本與蘇格蘭都一樣，因成本及效率考量，多半廢棄利用煤炭的蒸餾法，改採利用蒸氣的間接蒸餾法，但是余市依然堅守利用煤炭的直火蒸餾法，每日燃燒1公噸煤炭。余市的威士忌比蘇格蘭更秉持傳統工法，博得「有蘇格蘭古早風味」的評價，尤其受到龐大老威士忌迷的喜愛。

「利用煤炭的蒸餾法，由於火力強大，能釀出濃郁的威士忌。建議先純飲，放少量於舌尖上，享受貫穿鼻腔的香氣，然後喝一口水，再啜飲一口……，如此酒、水交互品味。此外，余市的威士忌很濃，兌水也不會太稀。」小原說。

「竹鶴筆記」裡滿是對品質的堅持。

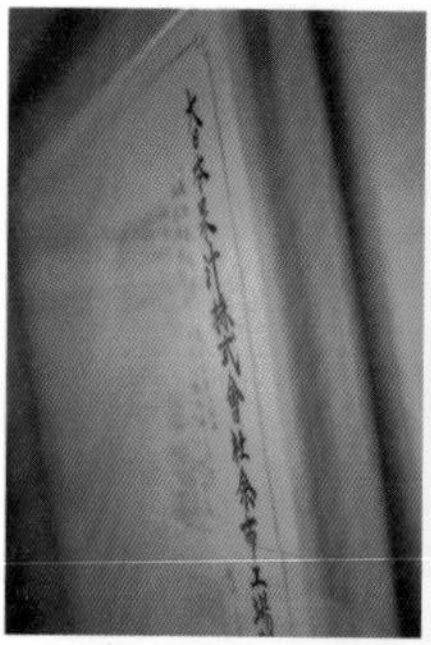

右）竹鶴政孝的日本帝國海外旅券。可看到上面寫著：「為研究釀製技術，前往北美合眾國、英國、法國波爾多……」。左）「Nikka」這個公司名稱，是取「大日本果汁株式會社」的「日」與「果」兩字的發音合成。公司在威士忌熟成期間，為了籌措運作資金，製造並販售以余市特產蘋果製成的百分之百果汁等。

「一甲」的製桶技術也很出名。酒桶是酒液沉眠至熟成為止的搖籃。

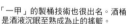

填滿竹鶴熱情的「竹鶴筆記」。

1）竹鶴政孝與麗塔的家，位於與余市蒸餾廠隔著余市川相望的山田町。那是移建並修復過的舊竹鶴宅邸，部分空間開放參觀。2）建築內，以各種資料呈現竹鶴伉儷情深。3）彩繪玻璃也是和洋融合風格。

上）廠內隨處可見余市悠久歷史的建築。下）蒸餾樓中每日燃燒煤炭進行蒸餾。壺式蒸餾器上綁著稻草繩，顯示這是日本酒的釀製廠。

熱情及余市的氣候風土蘊育出勝過蘇格蘭的威士忌。

北海道的環境默默支撐著余市的誕生

跟著引導，我們走進蒸餾廠的心臟部分——蒸餾樓。

「威士忌的原料麥芽要先磨碎後加熱水，讓麥芽中的酵素產生作用，將澱粉轉成麥芽汁。在麥芽汁中放入酵母菌使之發酵，將糖變成酒精。然後燃燒煤炭，將發酵液進行2次蒸餾，把酒精度數從75％最後降至65％左右。」

進入蒸餾樓，見火爐內煤炭正熊熊燃燒。繫在壺式蒸餾器上的稻草繩，令人感受到對出生於釀酒廠的創始人竹鶴的敬意。

「創業當時，北海道盛產煤礦，因此使用這裡的煤

右）「單桶余市10年」獲得《威士忌雜誌》評選為「Best of the Best 2001」。「單桶」是指以單一酒桶釀製的原酒裝瓶。 左）「竹鶴21年純麥」獲得WWA全球最優秀獎。

炭。北海道也盛產威士忌的原料大麥，而用來烘乾麥芽並添加香氣的泥煤，也是取自余市川流域。」

余市位於積丹半島的根部，氣候寒冷，是釀製威士忌的勝地。走出溫暖的蒸餾樓，見到雪花飄在紅色三角屋頂的乾燥樓上。前方埋於雪中的洋館，是移建過來的舊竹鶴宅邸。竹鶴在蘇格蘭習得釀製威士忌的技術，也獲得了人生伴侶，然後在這個家一起生活。這個家，是竹鶴為威士忌賭上人生的象徵。

一甲會館2樓有試飲會場。除了數種威士忌之外，也可試飲葡萄酒與軟性飲料。這裡的威士忌用水是取自余市川的伏流水，而在會場可一望美麗的余市川。營業時間從上午9點至下午5點。

余市蒸餾廠

地址：北海道余市郡余市町黑川町7-6
TEL：0135-23-3131
http://www.nikka.com/know/yoichi
交通：函館本線余市站，徒步3分鐘
營業時間：9:00～17:00（9:00～12:00、13:00～15:30，每30分鐘有導覽）
定休：年末年始
參觀費用：無　所需時間：約60分鐘

伊知郎麥芽
Ichiro's Malt

不分國界的實力派

開拓 日本威士忌新時代

克服逆境，僅4年就讓蒸餾廠動起來。
秩父的「威士忌夢想家」將熱情付諸行動，
讓我們一窺它的軌跡與展望。

將剛蒸餾好的威士忌在酒杯中兌水，半酒半水。

被父母心救回的威士忌孩子們從秩父飛向世界

目前，日本最新且最小的威士忌蒸餾廠位於埼玉縣秩父市，名為「Venture Whisky秩父蒸餾廠」，2004年公司成立，2008年蒸餾廠開始運作。社長是一位夢想實踐家，即如今在威士忌業界無人不知其名的肥土伊知郎。

熟成「秩父金葉水楢桶」（MWR）威士忌的是俗稱「日本橡木」的水楢所製成的酒桶。北海道野生水楢製成的酒桶，賦予這支威士忌特殊的香氣與滋味。

Brand History

1965年　「東亞酒造」公司創始人之孫肥土伊知郎誕生。

1988年　肥土伊知郎進入「三得利」公司。

1997年　肥土伊知郎進入「東亞酒造」公司。

2004年　「東亞酒造」公司易主。

2005年　將貯藏於「笹川酒造」公司的威士忌以「伊知郎麥芽」（Ichiro's Malt）之名商品化。

2006年　「撲克牌系列」之「鑽石K」（*King of Diamonds*）榮獲《威士忌雜誌》日本威士忌特集中的金牌獎。

2007年　Venture Whisky秩父蒸餾廠完工。

2008年　取得釀酒執照，秩父蒸餾廠開始營業。

「作為連結『羽生』與『秩父』的橋樑。」以「伊知郎」之名再出發。

知道他的出身 就知道他的心願

「東亞酒造」擁有三百年以上歷史，伊知郎是這家公司老闆的長男，大學就讀的是釀造科，畢業後進入「三得利」。30歲時，伊知郎被父親召回「東亞酒造」，但是公司已經陷入了經營危機，重建相當地困難，於是2004年賣掉。買家拿走日本酒及燒酒，卻決定廢棄隸屬「東亞酒造」的羽生蒸餾廠所釀製400桶以上的威士忌。

不過，伊知郎表示：「不能對宛如自己孩子般養大的威士忌見死不救。」決心取回這些酒，於是募集資金，遂在同年9月成立自己的公司。

使用德國及英格蘭產的麥芽。目前正在嘗試使用秩父農家種植的大麥。計畫將來會使用泥煤來烘乾麥芽。

伊知郎麥芽撲克牌系列

伊知郎麥芽撲克牌系列是將羽生蒸餾廠釀製的單一麥芽威士忌放在豬頭桶（hogshead）中熟成，再移到其他酒桶後熟的酒款。經過 2 種酒桶的熟成，讓原酒更複雜且更有深度。

Ichiro's Malt 15 Years Old 4th Bottling
伊知郎麥芽15年第4次裝瓶
700ml·46%

Ichiro's Malt CHICHIBU SINGLE MALT NEWBORN DOUBLE MATURED
秩父單一麥芽新生雙桶陳釀
700ml·61%

Ichiro's Malt Mizunara Wood Reserve
秩父金葉水楢桶
700ml·46%

Ichiro's Malt CARD Eight of Diamonds
伊知郎撲克牌系列鑽石 8
700ml·57%

Ichiro's Malt CARD Six of Clubs
伊知郎撲克牌系列梅花 6
700ml·57%

一般認為壺式蒸餾器的尺寸越小，釀出來的味道越重。伊知郎訂製的是最小規格，且輸送管也是採取會讓味道變重的向下形式。這些講究全是因為伊知郎認為味道重的威士忌比較有意思。

未來想使用當地大麥將堪稱秩父產的威士忌商品化。

活躍、挑戰與展望

身世坎坷的「伊知郎麥芽」，如今在海外已贏得了評價極高的權威獎項，並且逐漸地在歐洲打開名聲。2008年，在秩父蒸餾廠所釀製的第一批威士忌「新生」(Newborn)也已經上市了。

目前秩父蒸餾廠僅由少數菁英職員們踏踏實實地釀製新威士忌。伊知郎表示，未來想使用當地大麥，將堪稱道地秩父產的威士忌商品化。他的夢想是，能夠喝到在秩父第一次蒸餾的第1號酒桶的30年佳釀。

秩父蒸餾廠

基本上不開放參觀，但如果有調酒師等專業人士同行即可。有意參觀者需先致電(0494-62-4601)聯繫。此外，由於蒸餾廠規模較小，並未設置參觀路線，工作人員也不多，因此無販售專區。

酒窖中有800桶酒正在熟成。

右邊是「雙蒸餾廠」(Double Distilleries)，是調和了羽生蒸餾廠及秩父蒸餾廠的麥芽原酒而成的威士忌。左邊是分別取「Mizunara Wood Reserve」第一個字母的「MWR」，是以羽生蒸餾廠的麥芽原酒為基酒，再調和數種麥芽威士忌，然後放入水楢桶中後熟的酒款。

日本威士忌的基本知識

在亞洲生活卻不會聊日本威士忌就太遜了！
可別近廟欺神，好好學會這些知識吧！

與蘇格蘭威士忌相似的日本威士忌

日本威士忌的主流是麥芽威士忌與調和式威士忌這2種。而調和式威士忌是以麥芽威士忌的風味為主而設計出來的，因此滋味與蘇格蘭威士忌相似。不過，日本威士忌不太有泥煤香，甚至有些酒款完全無泥煤香。特色是酒質充盈，兌水也不會走味。

日本的威士忌蒸餾廠都是各家釀製各種類型的原酒，自行調和，因此每家蒸餾廠均有種類豐富的原酒，出品多彩多姿的威士忌。而且，近年來在威士忌的世界大會上，日本威士忌也因頻頻榮獲最高獎項，而備受全球注目。

日本威士忌的歷史

日本首位釀製正統威士忌的人，是「三得利」公司的前身、洋酒廠商「壽屋」的創始人鳥井信治郎。他於1923年在大阪府山崎建立日本第一家威士忌蒸餾廠。而負責釀製工程的人是「一甲威士忌」的創始人竹鶴政孝。1929年，第1號商品「三得利威士忌白札」終於問市。

接著開始釀製威士忌的是「東京釀造株式會社」，1937年推出神奈川縣藤澤工廠釀製的「Tomy威士忌」，但可惜公司於1955年倒閉。

第三家是今日「一甲」的前身「大日本果汁株式會社」。「大日本果汁株式會社」是以製造販售蘋果汁起家，「日果」即為該公司名稱的簡稱。1934年於北海道的余市建立工廠，1940年推出「日果威士忌角瓶」。

第二次世界大戰後創業的威士忌廠商，有1945年的「東洋釀造」（現「旭化成」）、1974年開始銷售威士忌的「麒麟－施格蘭」（Kirin-Seagram，現為「麒麟蒸餾廠」）。

喝喝「小型蒸餾廠」的威士忌吧！

蘇格蘭近年興起所謂的「微型蒸餾廠」，換句話說，小型蒸餾廠已陸續誕生了。

在日本，2008年3月，「Venture Whisky 秩父蒸餾廠」開始營業，大麥麥芽主要從蘇格蘭等海外進口，不過未來的目標是自己製麥，亦即使用當地埼玉縣的大麥及飯能產的泥煤。這家小型蒸餾廠的產量非常小，每一回只能釀製400公斤的麥芽；所生產的威士忌不僅在日本國內受到歡迎，也吸引海外注目。

明石（Akashi）

日本酒的釀酒商「江井島酒造」釀製的威士忌。有尤加利、亞麻仁油等香氣。

伊知郎麥芽（Ichiro's Malt）

以創始人肥土伊知郎為名的威士忌。酒體為中等到輕盈，有新酒桶的香味。

駒岳

鹿兒島的燒酒廠商「本坊酒造」釀製的單桶威士忌。2011年蒸餾廠重新運作，令酒迷相當開心。

Japan
日本

[日本威士忌蒸餾廠]

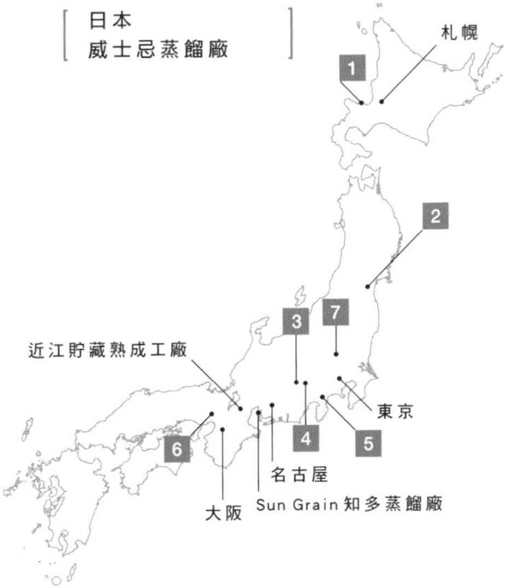

1 一甲威士忌余市蒸餾廠

至今仍以煤炭直火加熱。採用日本的水楢製新桶來熟成。

2 一甲威士忌宮城峽蒸餾廠

一甲的第二座蒸餾廠。釀酒的水是竹鶴一直很中意的新川川的伏流水。

3 本坊酒造瑪爾斯（Mars）威士忌信州工廠

為小型蒸餾廠之濫觴，被稱為「西方之雄」。

4 三得利白州蒸餾廠

位於甲斐駒岳的山腳下。被花崗岩琢磨過的優質天然軟水，是美味的關鍵。

5 麒麟富士御殿場蒸餾廠

由麒麟啤酒、施格蘭、起瓦士兄弟三家公司合併而成。

6 三得利山崎蒸餾廠

1923年創業，為日本第一家正統威士忌蒸餾廠。釀酒的水是採用天王山系的湧水。

7 Venture Whisky 秩水蒸餾廠

因「伊知郎麥芽」威士忌而聞名的蒸餾廠。2004年設立，受到酒迷注目。

「水楢」製的酒桶

日本威士忌與其他4大威士忌一樣，並無熟成期間的法律規定，因此即使沒有熟成，在酒稅法上也可歸為威士忌。

然而，要釀製出美味的威士忌，熟成可是不容輕忽的大工程。日本威士忌與他國最大的不同處，是以東亞原產、俗稱日本橡木的「水楢」所製成的酒桶來熟成。

Venture Whisky秩父蒸餾廠中，正以水楢桶進行發酵。採用的是北海道等地野生的水楢。

日本威士忌年表

- 1853 美國海軍准將馬修．培理（Matthew Perry）來到浦賀，向幕府官員獻上威士忌。
- 1859 橫濱、長崎開港，開始進口以洋人為對象的洋酒。蘇格蘭商人湯瑪士．哥拉巴（Thomas Glover）來到日本。
- 1871 橫濱山下町卡爾諾商會（J. Curnow & Co.）進口貓印威士忌（肩張丸形壜）。
- 1873 岩倉具視使節團從歐美回國，帶回「老帕爾」威士忌。
- 1899 鳥井信治郎創立「鳥井商店」（即後來的「壽屋」）。
- 1918 竹鶴政孝為學習威士忌釀製工法而前往蘇格蘭留學。

[日本主要蒸餾廠]

一甲威士忌 余市蒸餾廠 北海道余市郡余市町黑川町 7-6 TEL：0135-23-3131	**一甲威士忌 宮城峽蒸餾廠** 宮城縣仙台市青葉區ニッカ 1 番地 TEL：022-395-2865	**美露香（Mercian，メルシャン）輕井澤蒸餾廠** 長野縣北佐久群御代田町大字馬瀨口 1795-2 TEL：0267-32-2006
江井島酒造 兵庫縣明石市大久保町西島 919 TEL：078-946-1001	**秩父蒸餾廠** 埼玉縣秩父市みどりが丘 49 TEL：0494-62-4601	**三得利 山崎蒸餾廠** 大阪市三島郡島本町山崎 5-2-1 TEL：075-962-1423
三得利 白州蒸餾廠 山梨縣北斗市白州町島原 2913-1 TEL：0551-35-2211	**麒麟 富士御殿場蒸餾廠** 靜岡縣御殿場市柴怒田 970 番地 TEL：0550-89-3131	**瑪爾斯威士忌 信州工廠** 長野縣上伊那郡宮田村 4752-31 TEL：0265-85-4633

※ 需事前詢問能否參觀。

[Japanese Topic 3]

到蒸餾廠參觀吧！

　參觀威士忌釀製工程，一邊感受現場氣氛，一邊品酌威士忌，將有更深刻的理解吧！日本許多蒸餾廠均開放參觀，而且設計好參觀行程，只要配合時間即能一窺堂奧。

　最近，不少蒸餾廠成立了威士忌學院、威士忌研究所等，供人體驗威士忌釀製作業，形成一股風潮。相關資訊請參考各家官方網站。

1923 關東大地震。鳥井信治郎的「壽屋」在大阪府山崎建立蒸餾廠，釀製正統威士忌。

1929 日本首支正統威士忌「三得利威士忌（白札）」上市。

1934 竹鶴政孝在北海道的余市創立「大日本果汁株式會社」。

1940 「大日本果汁」的首支威士忌「日果威士忌」上市。

1963 「壽屋」改名「三得利」。

1969 「一甲威士忌」（即之前的「大日本果汁株式會社」）在宮城縣仙台市建立宮城峽蒸餾廠。

1973 「三得利」建白州蒸餾廠。「麒麟-施格蘭」建富士御殿場蒸餾廠。

日本威士忌名鑑

應該有很多你已熟悉的酒款、酒標。
請看看這些日本引以為傲的威士忌吧！

Ichiro's Malt 15 years

伊知郎麥芽15年

羽生蒸餾廠於2004年關閉，該蒸餾廠創始人之孫肥土伊知郎將該廠珍貴的麥芽原酒裝瓶而成。以「伊知郎麥芽」為名的這個系列，於日本國內外皆獲好評。

●香氣　華麗的水果香。略有香料味。木頭香。成熟的蘋果、杏桃。
●味道　單寧。楓糖漿般的芳甜。辛辣且複雜。餘味沉穩悠長。

Data

700mℓ 46度

Line Up

Ichiro's Malt 20年／MWR／Double Distilleries

The Hakusyu

白州

白州蒸餾廠坐落於全球稀有美景的大自然中，有「森林蒸餾廠」之稱，這支就是從該蒸餾廠貯藏的各種原酒中，由調酒師精選出理想的麥芽原酒調製成的單一麥芽威士忌。特色是微微的泥煤香。

●香氣　酸橘、薄荷。如森林中的嫩葉般新鮮水嫩且爽快。
●味道　口感輕盈爽快。可以感覺到微酸的清爽感。餘韻略帶煙燻味。

Data

700mℓ 43度

Line Up

白州12年／白州18年／白州25年

The Yamazaki

山崎

山崎傳統的水楢桶藏麥芽威士忌，與創新的葡萄酒桶藏麥芽威士忌等各種山崎麥芽威士忌調製而成。潛藏於溫和華麗香氣中的草莓香，征服了全球的麥芽威士忌通。

●香氣　草莓、櫻桃。芳甜、高貴的水果香氣十分地華麗。
●味道　蜂蜜。口感滑順，會在口中擴散的甜味。餘味是甜美的香草、肉桂，雋永怡人。

Data

700mℓ 43度

Line Up

山崎12年／山崎18年／山崎25年

Taketsuru
竹鶴純麥

以「一甲威士忌」創始人竹鶴政孝為名的純麥威士忌。純麥威士忌是指調和了2家以上蒸餾廠的麥芽威士忌後的成品。這支酒使用了余市及宮城峽2家蒸餾廠生產的超過12年陳的麥芽原酒，滋味芳醇易飲。

●香氣　大麥的芳香。香蕉、蘋果。華麗的水果香。香草，一點點泥煤味。
●味道　麥芽與果實融和後的滋味。從深處流露出香料、柳橙。圓潤滑順。

Data
700㎖　43度

Line Up
竹鶴17年／竹鶴21年

Miyagikyo
宮城峽

宮城峽蒸餾廠是「一甲威士忌」在仙台建立的第二家蒸餾廠，目標是為釀製出與余市迥然不同個性的麥芽威士忌。這家被綠意森林環抱的蒸餾廠，至今仍採用全世界極為罕見的柯菲式連續蒸餾器。如果說余市是味道強烈的高地區型，那麼宮城峽就是香氣馥郁的斯佩賽型。

●香氣　芳甜且有果香。高原清爽的風。高山水果。木通。微微的泥煤味。
●味道　芳甜且有水果味。溫和滑順。酸味及甜味很平衡、濃郁。

Data
700㎖　45度

Yoichi
余市
單一麥芽

竹鶴政孝是首位遠赴蘇格蘭學習正統威士忌釀製工法的日本人，他在北海道的余市町，找到心中最理想的威士忌釀製勝地。北國大自然以及世界唯一的煤炭直火蒸餾，為這支單一麥芽威士忌帶來強勁的風味。厚重且香氣豐富，獲得世界好評。

●香氣　泥煤煙燻味。海邊濕地般的芳香，然後是牛奶香與水果香。
●味道　雖有泥煤味，但很有深度，甜美柔順。宛如鹹味大福。餘韻雋永怡人。

Data
700㎖　45度

Hibiki Japanese Harmony
響 Japanese Harmony

1989年「三得利」創業90周年時推出的調和式威士忌；2015年再次改造，標榜將日本的大自然與匠心工藝雙雙和鳴，推出這款「響 Japanese Harmony」，將華麗展開的溫和美味當成日本之美的結晶，響徹世界。

●香氣　玫瑰、荔枝、略微的迷迭香。熟成的酒桶香、檀香。
●味道　蜂蜜的清甜、橙皮巧克力。餘味細緻沉穩。

Data
700㎖　43度

Line Up
響17年／響21年／響30年

Whisky Lovers♥

追逐高球雞尾酒

威士忌加蘇打……。好喝！
沒錯，就是高球雞尾酒。
愛上這種調酒的兩位美女登場了。

攝影＝大星直輝

Case 1

正統派

銀座Samboa Bar × 荒木 惠

活躍於哈雷機車月刊《哈雷俱樂部》（*Club Harley*）等。日本哈雷騎士女子代表候補。將連載集結成書的《哈雷機車乘駕之旅紀行》（アラキメグミの鉄馬三昧！）正絕讚銷售中。在日本各地旅行，認為發現各地有趣事物是最棒的生活意義。每天都要喝美味的威士忌。
https://ameblo.jp/arakimegumi/

東京康萊德酒店 TWENTYEIGHT × NILO

Case 2

奢華派

2011年起住在德國的巴薩諾瓦（Bossa Nova）歌手。2007年以《Bossa@ NILO》出道，已經發行3張翻唱專輯。最喜歡現場表演結束後，在有愛酒專家在場的店裡喝麥卡倫。興趣是騎自行車、越野跑等戶外運動。
http://koizumi-nilo.jp/

Case 1

正統派

銀座 Samboa Bar × 荒木 惠

人潮雜沓的銀座。離車站不遠的一幢大樓裡，有個直通地下的樓梯。樓梯盡頭有扇厚重的門扉，一派「從以前就在這裡了」的風情。

這裡就是「銀座 Samboa Bar」，是「Samboa Bar」集團開設的店之一，集團的前身是1918年於大阪創業的「Milk Hall」。從戰前起，使用「角瓶」且不加冰塊的高球雞尾酒，是這家店裡的名

紅酒奶油嫩煎竹筍。菜色豐富也是「Samboa Bar」的魅力之一。

「哇，這種高球雞尾酒已經有90年以上歷史了啊！」荒木頗有感慨地說。

Whisky Lovers♥

追逐高球雞尾酒

（荒木惠）

品。銀座店於2003年開幕，還很新，但是已在新天地扎根而有老店風情了。正統的氛圍與樸實無華的感覺吸引了活力四射的哈雷女郎荒木惠。大家都知道她是個酒國女英豪。

「今天是在銀座喝酒的日子，因為今天不騎哈雷。」荒木這麼說。她今天特別打扮了一下，穿著優雅的洋裝現身。

推薦她喝這裡的名品高球雞尾酒後，「嗯，好喝。心情立刻嗨起來，但是，現在喝好嗎？」荒木心情大好：「3點開店，好早啊！有人這麼早開喝嗎？」老闆新谷尚人邊調第2杯邊回答：

「當然有。」

「在我們店裡，快速喝完2、3杯就走也沒關係啊！許多不願陪老婆買東西的人，就在這裡打發時間吶！」

有人每天都來，說同樣的話，然後回家。新谷的想法是：「就算與華麗的雞尾酒無緣，每天來杯角瓶高球也是不錯的。」

「我屬於嫌慢慢喝很煩的人，這種喝法正合我意！」荒木津津有味地說。優秀的老闆指導如何喝出大人味後，荒木便將手中酒杯一仰而盡，滿足地離開。

上）除了「角瓶」的高球雞尾酒，還備有各種洋酒。下）樂器、老酒瓶、繪畫等，裝飾得很有意思。

手工製高球杯。在吧檯就用厚底酒杯；要端到餐桌去的話，為防止溢出，就用薄底酒杯。

Data

銀座 Samboa Bar

銀座サンボア

地址：東京都中央區銀座5-4-7
銀座サワモト大樓 B1F
TEL：03-5568-6155
http://www.samboa.co.jp/
交通：東京Metro地鐵銀座線、丸之內線、日比谷線銀座站，徒步2分鐘
營業時間：15:00～24:00
週日、國定假日～22:00
定休：無
席數：餐桌17席（吧檯立飲約10名）
※ 無餐桌費

樓高 28 層，從大片窗戶可以眺望東京灣區，眼下則是濱離宮恩賜庭園。日與夜、晴與雨等，可以享受到季節、氣候不同所展現的萬種風情。

Case 2

奢 華 派

東京康萊德酒店 TWENTYEIGHT

×

NILO

1）威士忌30mℓ、碳酸飲料30mℓ調成的「半冰半水」（half rock，照片前方），以及以碳酸飲料取代水的「半酒半水」（twice up）等，喝法多樣。2）每天變換花樣的下酒菜，從零食系到甜點系都有，任君選擇。3）桌上的蠟燭好羅曼蒂克。

Whisky Lovers♥

追逐高球雞尾酒

（ NILO ）

「以白州、山崎等單一麥芽威士忌來做的話，可以做出頂級的高球雞尾酒，不過便宜的威士忌也能調得很好喝，這就是高球雞尾酒的魅力。我想，碳酸飲料的爽口與舒暢易飲，是受女性歡迎的原因。」

說這段話的是「東京康萊德酒店「TWENTY EIGHT」的店長信田豐。他家裡也備有各式各樣的威士忌，常喝高球雞尾酒。

當我們提出請求，希望信田傳授私藏配方後，信田便指導NILO如何在家調製出簡單卻無比好喝的高球雞尾酒。

「先在杯中放入大量冰塊。然後倒入威士忌，以攪拌棒攪拌10圈左右，讓酒杯也冰起來。然後倒入碳酸飲料，攪拌1圈就好，碳酸才不會跑掉。這樣就OK了。威士忌與碳酸飲料的比例大致是1比3。高球雞尾酒很簡單，就是威士忌加碳酸飲料。基本上沒有標準方法，依自己喜好去調就行了。」

若是在家享用，不妨改變威士忌與碳酸飲料的比例，或者有時使用調和式威士忌、有時使用單一麥芽威士忌等，改變威士忌的品牌，找出適合自己的特調高球雞尾酒吧！

威士忌的品牌、碳酸飲料的碳酸含量不同，調出來的高球雞尾酒就不一樣。喝的地點也是，不論是夜景無敵的飯店酒吧，或者是常光顧的酒吧，即使都是喜歡的空間，喝起來的感覺也會隨當時心情與季節感而改變。那麼，信田推薦的「大人味高球雞尾酒」是什麼呢？

「最近有客人會指定碳酸飲料的種類。我們店裡備有柑橘系風味的通寧水，以及微碳酸而清爽的沛綠雅等，可以依照客人喜好調製。此外，加入檸檬皮或柳橙皮，也是一種成熟女性的時尚喝法。即使是相同品牌調出來的高球雞尾酒，果皮的香味不同，氣氛就會煥然一新。雞尾酒會加檸檬切片，但高球雞尾酒的話，麥芽風味是品嘗重點，所以只要加一點果皮製造些微香味就夠了。好比春天時，加少量的薄荷葉便會增加清爽度，季節感就出來了。」

偶爾奢侈一下專程到奢華的酒吧去，這點小花招也是讓人更放鬆的要素之一。

那麼ＮＩＬＯ，信田推薦的大人味高球雞尾酒喝起來如何啊？

「總覺得跟我以為的高球雞尾酒完全不一樣呢！原來高球也很適合斯斯文文地喝。實際一種一種喝下來，可以喝出不同麥芽威士忌的不同個性，而果皮的風味不同，味道也會跟著改變。果然是適合大人喝的高球。能在漂亮的酒吧裡爽快地點杯高球，真酷。而且熱量只有啤酒的一半，我想我今後會喝上癮了。」

店裡的威士忌酒，光是擺在那裡便宛如一幅畫，真不可思議。

「TWENTY EIGHT」除了週日及週一外，每天從晚上8點起有現場演奏。不妨一邊沉醉於優美的夜景與演奏中，一邊享受無與倫比的高球雞尾酒吧！

Data

東京康萊德酒店 TWENTYEIGHT

Conrad Tokyo
TWENTYEIGHT

地址：東京都港東新橋1-9-1 コンラッド東京28F
TEL：03-6388-8000（代表）
http://www.conradtokyo.co.jp/
交通：都營大江戶線汐留站，徒步1分鐘
營業時間：8:00～24:00
定休：無
席數：約100席
※音樂演奏時段收取服務費1800日圓（住宿客免費）

酒櫃高3公尺，擺滿利口酒等超過100種酒。天花板挑高且採開放式，最適合現場演奏。得獎無數的「格蘭利威18年」等威士忌琳瑯滿目。

Whisky Lovers

追逐高球雞尾酒

(NILO)

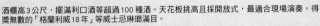

Whisky Lovers♥

追逐高球雞尾酒

（ NILO ）

度過夜景與高球雞尾酒帶來的極樂時光……

威士忌學堂 ▸ [3]

這門威士忌學已進入第 4 堂課了。
要繼續用功！

高球雞尾酒

威士忌加蘇打水，這就是高球。
若把它當成雞尾酒來看，變化就豐富了。

成了高球雞尾酒的俘虜！

相信你已經領略高球雞尾酒的魅力了。
本章將介紹高球迷們敬佩的名店、知名酒吧提供的高球調製配方。

Bar OPA
「葡萄柚涼飲」

Recipe

- 加拿大會所 30mℓ
- 葡萄柚汁 60mℓ
- 檸檬汁 2tsp（茶匙）
- 紅石榴糖漿 2tsp
- 威爾金森（Wilkinson）蘇打水 適量

★將蘇打水以外的材料搖勻後倒入酒杯。注滿蘇打水，輕輕攪拌。

加入紅石榴糖漿會讓顏色呈美麗的粉紅色。喝不慣威士忌的人也務必嘗試。

東京康萊德酒店．
TWENTY EIGHT
「日本高球雞尾酒」

Recipe

- 山崎12年 30mℓ
- 蘇打水 Full up
- 阿拉伯膠糖漿（gum syrup）10mℓ
- 紫蘇 2片
- 檸檬汁 5mℓ

★杯中放入2片切碎的紫蘇葉，搗碎。加入檸檬汁與阿拉伯膠糖漿，再加入冰塊。最後用蘇打水加滿酒杯即可。

山崎12年這款日本的基本威士忌中，放入日本料理不可缺少的紫蘇葉，調成日式的高球雞尾酒。特色是香氣清爽。

今晚
要喝
哪一款呢？

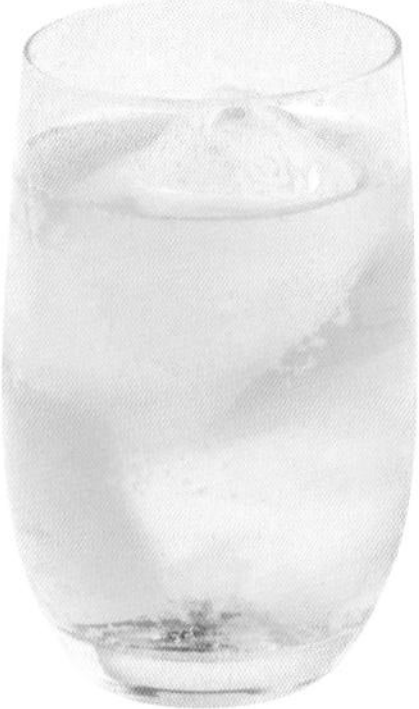

ST. SAWAI ORIONZ
「好喝高球雞尾酒」

Recipe

- 老帕爾12年 60mℓ
- 克拉格摩爾 1滴
- 威爾金森蘇打水 90mℓ

★杯中放入冰塊，輕輕倒入老帕爾與蘇打水，滴1滴克拉格摩爾。

滴1滴為老帕爾主要麥芽基酒的克拉格摩爾來強調香氣，是店長自豪的一杯。

Bar OPA
「冷凍高球雞尾酒」

Recipe

- 冷凍的山崎10年 45mℓ
- 山崎天然氣泡水 適量
- 檸檬皮1片

★在冰好的杯中倒入威士忌，再倒滿氣泡水。可隨個人喜好將檸檬皮撒在上面，或是塗在杯緣上增加香氣。

「Bar OPA」簡稱這種雞尾酒為「冷高」，很受老顧客喜歡。關鍵是使用山崎天然水做成的氣泡水。

東京康萊德酒店．TWENTY EIGHT
「曼哈頓高球雞尾酒」

Recipe

- 野火雞（Wild Turkey）30mℓ
- 柳橙汁 5mℓ
- 瑪拉斯奇諾（Maraschino）糖漿10mℓ
- 柳橙皮1個分

★在事先放入冰箱冷凍的「野火雞」中，加入柳橙汁、瑪拉斯奇諾糖漿，在杯緣塗上柳橙皮增添香味後，將柳橙皮丟進杯中。

將基本款曼哈頓調成高球雞尾酒。一般都是使用裸麥威士忌，但使用冷凍的「野火雞」會出現溫柔的氣泡。

BRICK 銀座店
「高球雞尾酒」

Recipe

- 三得利角瓶 30mℓ
- 威爾金森蘇打水 60～70mℓ
- 萊姆 適量

★杯中輕輕倒入三得利角瓶與威爾金森蘇打水，再擠入萊姆即可。

從1951年創業至今從未改過配方。店裡都是使用學生及年輕人喜歡的角瓶來調製。

Blender's Bar
「穀物威士忌
高球雞尾酒」

Recipe

- 穀物威士忌 30mℓ
- 勾兌飲料 75mℓ
（例：威爾金森蘇打水 55mℓ、威爾金森通寧水 20mℓ）
- 萊姆切片 1片

★杯中放入大量冰塊，再放入威士忌、蘇打水、通寧水。以調酒匙攪拌，最後點綴萊姆片即可。

使用了平常不太會接觸到的穀物威士忌。會想為了這杯專程跑來。口感十分清爽。

HELMSDALE
「泰斯卡高球雞尾酒」

Recipe

- 泰斯卡 70mℓ
- 威爾金森蘇打水 適量

★杯中放入所有材料，訣竅在於從杯底攪拌，調製出圓潤的滋味。

以品脫杯提供的這款高球雞尾酒，在店內獲得壓倒性高人氣，常客都稱它為「泰高」。

BAR CRANE
「奧克拉高球雞尾酒」

Recipe

- 斯卡帕 30mℓ
- 威爾金森蘇打水 120mℓ
- 柳橙皮　一整圈的皮，使用半圈

★杯中放入冰塊，倒入威士忌，再倒滿蘇打水。削出薄薄的柳橙皮，去除裡面的澀皮，再輕輕擰出香氣，然後旋轉成螺旋狀放入杯中。

斯卡帕是在蘇格蘭北部奧克拉群島釀製的單一麥芽威士忌，沒有特殊異味。柳橙的香氣令風味清爽。

日比谷 BAR
WHISKY-S
「新潮
高球雞尾酒」

Recipe

- 山崎12年 30mℓ
- 碳酸水 60mℓ

★先將香檳杯冰過，然後將冷凍至糊狀的威士忌倒入杯中（不放冰塊）。

氣泡持久，外觀宛如香檳。店內使用的碳酸水不是瓶裝水，而是取自高壓天然水製造機。

池林房
「冰點高球雞尾酒」

Recipe

- 加拿大會所 60mℓ
- 三得利蘇打水 140mℓ
- 檸檬皮 適量

★將放入冰箱冷凍的加拿大會所及冰涼的蘇打水放入冷凍過的杯子裡面，輕輕攪拌，再擠上檸檬皮即可。

使用雞尾酒的基本酒款加拿大會所。先將威士忌及杯子冷凍就會冰涼有勁。

Bar OPA
「威士忌利克酒」

Recipe

- 威雀（Famous Grouse）45mℓ
- 萊姆 1/2顆
- 威爾金森蘇打水 適量

★擠擠萊姆，將果汁與種籽一起放入。倒入威士忌，攪拌。放入冰塊，加滿蘇打水，輕輕攪拌。

原本是有名的琴利克酒（gin rickey），用威士忌來調製也很好喝。將萊姆的果汁與果肉（半顆）一起放入，充滿野趣。

東京康萊德酒店・TWENTY EIGHT
「柑橘高球雞尾酒」

Recipe

- 約翰走路（黑牌）30mℓ
- 柑橘醬 適量
- 蘇打水 Full up

★杯中倒入柑橘醬與約翰走路，攪拌一下，再倒入蘇打水即可。

柑橘醬的甜與澀，襯托出威士忌的香與苦。不敢喝威士忌的女性朋友也很容易接受。

Star Bar Ginza
「竹鶴12年高球雞尾酒」

Recipe

- 冷凍的竹鶴12年 40mℓ
- 自製碳酸水 150mℓ
- 純冰 2個

★碳酸水不要碰到冰塊地直接倒入威士忌中。由於碳酸水與威士忌融和得宜，輕輕攪拌一下就是好喝的高球雞尾酒了。氣泡也很持久。

冷凍是為了讓冰塊不易溶化而能持久享受風味。碳酸水是使用加強壓力的自製品。

Malt House Islay
「行家高球雞尾酒」

Recipe

- 響12年 35mℓ
- 蘇打水 70mℓ

★將常溫的響12年與常溫的蘇打水以打旋方式拌勻。建議威士忌與蘇打水的比例為1：2。

使用響12年，可說非常奢侈。得仔細看準杯中高球雞尾酒的調和狀態，讓威士忌呈現出最佳風味。

高球雞尾酒
的世界
真有意思

銀座 Samboa Bar
「高球雞尾酒」

Recipe

- 三得利角瓶 60mℓ
- 威爾金森蘇打水 1瓶

★將角瓶連酒瓶一起放入冰箱冷藏，再倒入杯中，然後倒入一整瓶蘇打，最後用檸檬皮添加香味即可。

從前尚未流行高球雞尾酒時，「Samboa Bar」就已販售以角瓶調製的高球雞尾酒。將連同酒瓶一起放入冰箱冷藏的雙份角瓶與蘇打水用力倒入杯中。不加冰塊。

Bar OPA
「北極冰」

Recipe

- 老祖父（Old Grand Dad）30mℓ
- 柳橙汁 45mℓ
- 柳橙皮 1個分
- 薑汁汽水 適量

★將以螺旋方式削下來的柳橙皮垂入杯中，再放入冰塊。倒入威士忌與柳橙汁，然後倒滿薑汁汽水，輕輕攪拌。

這是一款標準的雞尾酒，盤旋杯中的柳橙皮非常可愛。老祖父常用來調製雞尾酒，因此不妨準備一瓶，非常好用。

東京康萊德酒店．TWENTY EIGHT
「CTHB（康萊德高球雞尾酒）」

Recipe

- 約翰走路（黑牌）30mℓ
- 茶葉 適量
- 蘇打水 Full up

茶葉泡進約翰走路中30分～1個小時，出現香氣後濾掉茶葉，然後倒入杯中，再放入冰塊、蘇打水即可。

以「東京康萊德酒店」富有柑橘系香氣的自製茶為威士忌增加香氣。在自家調製時，使用任何喜歡的茶葉均可。

Malt House Islay
「別具一格入門款高球雞尾酒」

Recipe

- 喜歡的威士忌 20mℓ
- 吉寶蜂蜜香甜酒 20mℓ
- 威爾金森蘇打水 40mℓ

★將威士忌、吉寶蜂蜜香甜酒、蘇打水分數次倒入，仔細拌勻。

重點在於不可將材料一次放入，而是慢慢分批拌勻。可隨個人喜好使用奶昔或牛奶。

Bar OPA
「威士忌通寧水」

Recipe

- 帝王白牌威士忌（Dewar's White Label）30mℓ
- 通寧水 適量
- 檸檬切片 1片

★杯中放入冰塊，再放入威士忌，攪拌。然後倒入通寧水，輕輕攪拌。裝飾檸檬片。

原本高球雞尾酒是不加甜味的，但因為這款酒使用通寧水來代替碳酸飲料，因此有著溫和的芳甜。

Malt House Islay
「名氣高球雞尾酒」

Recipe

- 艾雷之霧（Islay Mist）8年 30mℓ
- 拉弗格10年 10mℓ
- 威爾金森蘇打水 適量

★混合艾雷之霧與拉弗格後，用打旋方式引出香味，再倒入蘇打水。

這是店長注入了對威士忌的愛，不斷改良後完成的傾力之作。

喜歡
就在家
調製看看吧！

Islaybar Tokyo（歇業）
「高球雞尾酒」

Recipe

- 喜歡的威士忌 45mℓ
- 蘇打水，或是三得利山崎天然氣泡水（Suntory The Premium Soda）

★將冰過的蘇打水分數次放入常溫的威士忌中，一開始要確實攪拌。要訣是倒入蘇打水時不要碰到冰塊。

建議使用拉弗格威士忌，加了蘇打水後，香氣會更突出。使用杯緣較薄的酒杯，口感更棒。

相關資訊

●池林房　TEL：03-3350-6945
●銀座 Samboa Bar
TEL：03-5568-6155
http://www.samboa.co.jp/
●東京康萊德酒店．TWENTY EIGHT
TEL：03-6388-8000（代表）
http://www.conradtokyo.co.jp/
● THE ROOM
http://www.theroom.jp/
● Star Bar Ginza
TEL：03-3535-8005　http://starbar.jp/
● ST.SAWAI ORIONZ
TEL：03-3571-8732
http://ginza-orions.com/
● Bar OPA　TEL：03-3535-0208
http://www.bar-opa.jp/
● BAR CRANE　TEL：03-5951-0090
http://www.the-crane.com
●日比谷 BAR WHISKY-S
TEL：03-5159-8008
http://www.hibiya-bar.com
● BRICK銀座店　TEL：03-3571-1180
● Blender's Bar　TEL：03-3498-3338
http://www.nikka.com/
● HELMSDALE　TEL：03-3486-4220
http://www.helmsdale-fc.com
● Malt House Islay
TEL：03-5984-4408
http://homepage2.nifty.com/islay

東京康萊德酒店．
TWENTY EIGHT
「焦糖高球雞尾酒」

Recipe

- 約翰走路（黑牌）30mℓ
- 莫林（Monin）焦糖糖漿 10mℓ
- 香草糖 1tsp

★將焦糖糖漿與香草糖放入杯中攪拌，再倒入約翰走路、蘇打水即可。

咖啡般的甜香魅力十足。與炒過的堅果、巧克力極搭。很有約會的感覺。

-COLUMN-

讓高球雞尾酒更美味的最佳配角！

Canada Dry 薑汁汽水

生薑香氣明確，並且因為不甜而餘味清爽。

威爾金森 薑汁汽水

酒吧常見的薑汁汽水之王。不甜，很適合雞尾酒。

山崎 天然氣泡水

勾兌單一麥芽威士忌時，強烈建議試試這款以山崎天然水製成的氣泡水！

Canada Dry 蘇打水

雜味少，碳酸的刺激怡人。與「威爾金森蘇打水」同受歡迎。

威爾金森 蘇打水

英國人威爾金森在神戶六甲山系發現的碳酸水，為高球雞尾酒的基本配角。

沛綠雅

氣泡細小且持久的天然碳酸水。適合用於味道溫和的雞尾酒。

通寧水

日本產的通寧水不含奎寧（苦味的藥效成分），味道溫和。

4

美國威士忌

American Whiskey

可以介紹一下波本威士忌嗎？

美國是5大威士忌生產國之一。
「波本」很有名……，
但是美國威士忌
可不只波本而已喔！

American Whiskey 1 ▼ KNOWLEDGE

美國威士忌的基本知識

大家似乎不太熟悉美國威士忌，
不知道它屬於哪種風格。
本篇將介紹波本等美國威士忌的實況。

以玉米為主要原料的波本威士忌

美國威士忌，主要的類別有：純波本威士忌（Straight Bourbon Whiskey）、純裸麥威士忌（Straight Rye Whiskey）、玉米威士忌（Corn Whiskey）、調和式威士忌，最知名的就是波本了。美國於1948年制定聯邦酒法，定義美國威士忌為：以穀物為原料，蒸餾出的酒液酒精度數在95％以下，以酒精度數40％以上裝瓶。波本威士忌的定義則為：玉米占穀物原料的51％以上，蒸餾出的酒液酒精度數在80％以下，必須使用內側經過烘烤處理的全新白橡木桶熟成；而如此熟成2年以上的成品，就是純波本威士忌。

America
美國

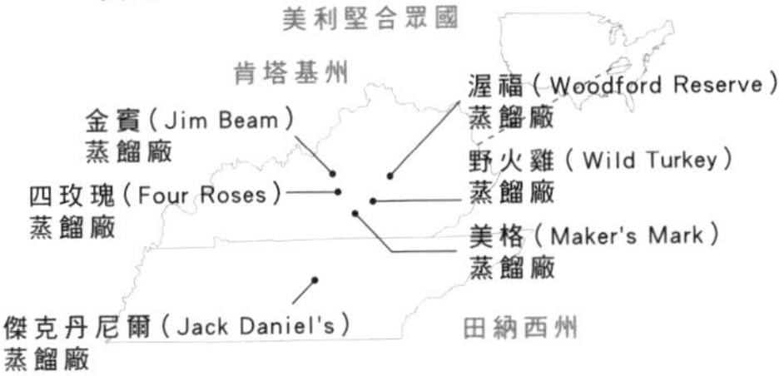

美國威士忌的主要種類

1 波本威士忌

玉米占原料的51%以上，蒸餾出的酒液酒精度數在80度以下，以內側經烘烤處理過的白橡木桶熟成2年以上。

2 裸麥威士忌

裸麥占原料的51%以上，蒸餾出的酒液酒精度數在80度以下，以內側經烘烤處理過的白橡木桶熟成2年以上。

3 玉米威士忌

玉米占原料的80%以上，蒸餾出的酒液酒精度數在80度以下。

4 調和式威士忌

使用20%以上的波本、裸麥等純威士忌，再與威士忌、烈酒等調和後的酒。

美國威士忌歷史

究竟誰是最早在肯塔基州釀製威士忌的人，眾說紛紜，但一般認為是1783年住在肯塔基州最大城路易維爾（Louisville）、從威爾斯（Wales）移民過來的伊凡．威廉（Evan Williams）。

不過，像今天這樣以玉米為原料釀製威士忌的，則是1789年從蘇格蘭移民過來的以利亞．克雷格（Elijah Craig）。在肯塔基州，此人被尊為「波本之父」。無論如何，由此可以窺知初期移民為威爾斯、蘇格蘭等凱爾特裔民族。

「野火雞」的巧合

野火雞（Wild Turkey）蒸餾廠位於勞倫斯堡一處名為「野火雞山丘」的地方。不過，這個名稱並非來自地名，而是源於創始人每年外出捕獵野火雞時，都會帶著自製的波本酒。

[American Topic 1]

「波本威士忌」名稱的由來

19世紀，大批移民來到目前的肯塔基州、田納西州，並持續向西部開拓，肯塔基州的威士忌就裝在酒桶裡順俄亥俄河而下，再流經密西西比河運到南部。「波本威士忌」名稱的由來並非指在波本郡釀製，而是出貨的俄亥俄河沿岸港口主要位於波本郡，因此在酒桶上刻印了波本郡出貨字樣。於是，在肯塔基州釀製的威士忌就稱為波本威士忌了。

傑克丹尼爾位於林奇堡（Lynchburg）的蒸餾器。

美國的禁酒令

美國受到基督教影響，一直有強烈的禁酒思想，19世紀中期起，禁酒運動方興未艾。1914年第一次世界大戰之初，美國強烈抗拒以穀物為原料釀酒，於是在1919年，議會通過了禁酒令。

所謂禁酒令，是禁止美國製造、販售、進出口以飲用為目的的酒。不過，禁酒令卻未禁止人們喝酒，因此，有錢人便趁法律施行還有一年時間而大量屯酒。

艾爾·卡彭（Al Capone）是義大利裔的黑道，他就是拜禁酒令之賜賺進了巨額財富。禁酒令之前，他以經營色情行業及非法藥物為生，禁酒令後，他便靠著酒的走私及黑市交易賺得巨富。

這條對飲酒毫無責罰的法律，反倒變成讓黑道暴富的工具了。

於禁酒令時代供酒而成名的「21俱樂部」（21 Club）中，至今仍有海軍專屬的角瓶（圖為今日的角瓶）。

Column

一週之內喝掉10萬杯

說到美國肯塔基州的名物，便想到5月第一個週六舉辦的「肯塔基德比賽馬節」（Kentucky Derby）。這是全美三大運動賽事之一，擁有130年以上歷史。賽前一週會盛大舉行慶祝活動，此時不論哪家酒吧都會不斷端出「薄荷朱利普」（Mint Julep）。這是一種調酒，在裝滿冰塊的玻璃杯倒入波本威士忌，再放入薄荷葉碎片及糖漿。這種調酒被指定為「肯塔基德比賽馬節」的正式飲料，比賽期間居然被喝掉了10萬杯！

美國威士忌年表

1607 英國在美國建設最早的正式殖民地詹姆斯鎮（Jamestown），並從蘇格蘭帶來了蒸餾器。一群被稱為「蘇格蘭愛爾蘭人」（Scots-Irish）的移民看上了玉米而開始釀製威士忌。

1776 美國獨立宣言。

1783 美國獨立戰爭終結。伊凡·威廉在肯塔基州建立以玉米為原料的蒸餾廠。

1789 美利堅合眾國正式成立。以利亞·克雷格牧師被認為是第一個釀製波本威士忌的人。

1791 對威士忌課稅的「蒸餾酒類物品稅」開始施行。

田納西威士忌與波本威士忌

田納西威士忌，指的是於肯塔基州南部的田納西州所釀製的威士忌。釀製條件與波本威士忌一樣，僅有一點不同，就是剛蒸溜好的新酒在放入橡木桶中熟成之前，會先通過「糖楓木炭過濾法」（Charcoal Mellowing）做成的糖楓木炭層來過濾。由於肯塔基州及其他州並未進行這一道工序，因此田納西威士忌便與波本威士忌有所區別了。

Column

「天使分享」的分量有多少？

威士忌於熟成期間，因蒸發以致桶中酒液減少，減少的分量就稱為「天使分享」。從前，人們有個天真爛漫的想法，認為正因為分享給天使，才能釀製出如此美味的威士忌。

蘇格蘭威士忌，在海拔較高的斯佩賽等地區，天享分享的比例一年約2～3%。而建於沿海地帶的蒸餾廠，由於全年濕度適宜，白天的氣溫也很穩定，因此天使分享的比例非常低，一年僅1%。

波本威士忌是5大威士忌裡天使分享比例最高的，第一年約10～18%，第二年也有4～5%。以這種分量遞減下去，180公升的酒桶只要經過15～16年，裡面的酒液就會化為虛無了。

難怪波本威士忌的熟成時間這麼短。守護波本的天使可真會喝啊！

田納西

「傑克丹尼爾」最具代表性。經過「糖楓木炭過濾法」這道工序，香氣圓潤。

波本

「四玫塊」是在肯塔基州釀製的純波本威士忌。

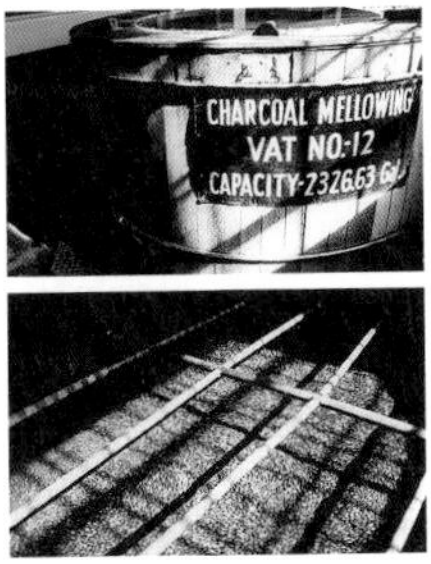

田納西威士忌在裝桶前皆需以糖楓木炭過濾，因此釀出獨特的香氣及滋味。

年份	事件
1794	發生威士忌大暴動。政府派遣超過獨立戰爭時的1萬5000人軍隊前往鎮壓。
1861	南北戰爭爆發。工業資本進入南部的波本威士忌產業。拜連續蒸餾器之賜而得以大量生產。
1920	實施禁酒令。
1933	廢止禁酒令。

American Whiskey 2 ▸ BRAND

美國威士忌名鑑

以玉米為主要原料的美國威士忌。
本章介紹 19 個品牌，從大家熟悉的到小蒸餾廠出品的都有。

Jack Daniel's
傑克丹尼爾 黑牌

在與肯塔基州一線之隔的田納西州釀製，原料及蒸餾方式相同，但特色是採用「糖楓木炭過濾法」，亦即剛蒸餾好的新酒會一滴一滴通過糖楓木炭過濾，酒質十分芳醇溫和。蒸餾廠1866年於田納西州的林奇堡創立。

●香氣　柳橙、楓糖漿、藥草、水果乾。辛辣。
●味道　芳甜滑順。淋上巧克力的橙皮。帶枝的葡萄。橡木味。

Data

700㎖ 40度

Line Up

SINGLE BARREL／GENTLEMAN JACK

Wild Turkey Standard
野火雞 標準版

野火雞指的是野生火雞，是奧斯汀．尼古拉斯（Austin Nichols）公司於禁酒令廢除後予以商品化的酒款。蒸餾廠位於肯塔基州的勞倫斯堡，目前為義大利的金巴利（Campari）公司所有。品牌僅野火雞一種而已，但是有標準版、8年、稀有珍品（Rare Breed）、12年等。

●香氣　馥郁且複雜。香草、卡士達奶油、洋梨、香料。植鞣革。
●味道　帶勁且複雜，但是非常平衡。香草、橡木、黑糖。

Data

700㎖ 40度

Line Up

8年／Rare Breed／12年等

Noah's Mill
諾亞米爾

肯塔基波本蒸餾廠（Kentucky Bourbon Distillers）販售的小批次生產波本威士忌。這支酒是以曾在1980年代關閉的「威列特」（Willett）蒸餾廠所庫存的老酒，以及從別家公司購入的酒調和而成，在行家中的評價相當高，並於2005年舊金山世界烈酒競賽中奪得金牌。

●香氣　溫柔卻複雜，有怡人的橡木及森林氣息。裸麥的辛辣。焦糖。
●味道　飽滿酒體卻很平衡，不會喝膩。複雜且熱辣。太妃糖。

Data

750㎖ 57.1度

Woodford Reserve
渥福精選

蒸餾廠位於純種馬（Thoroughbred）產地肯塔基州的渥福郡，是波本威士忌中唯一以壺式蒸餾器進行3次蒸餾的。目前為百富門公司所有，持續進行手工少量生產，產品皆以同公司的「歐佛斯特」（Old Forester）調和。

●香氣　圓潤且濃郁。熟蘋果、黑櫻桃。香草、橡木、香料。
●味道　飽滿酒體。甜美柔順。白色果實、熱呼呼的栗子。複雜且辛辣。

Data

750㎖ 43度

Early Times Yellow label
早期黃色標籤

這是總部設在路易維爾的百富門（Brown-Forman）公司的主力商品，在日本擁有高人氣。「早期」指的是西部開拓時代，懷舊的酒標也是受歡迎祕密。特色是原料玉米的比例高達79%。

●香氣　新鮮芳甜。青蘋果、楓糖漿、香草奶油⋯⋯。
●味道　中等酒體。柔滑圓潤。可可、單寧⋯⋯。餘韻是苦味巧克力。

Data

700㎖ 40度

Line Up

Brown Label

Bulleit Bourbon

巴特波本

名稱來自創始人奧古斯都·巴特(Augustus Bulleit)，由其後代湯姆·巴特(Tom Bulleit)於1987年重新營業。特色是裸麥比例高(28%)，口感辛辣乾爽。為小批次生產，使用6～8年熟成的原酒。酒標與酒瓶形狀皆富有設計感。

●香氣　萊姆、柳橙、蜂蜜、花林糖。略帶酸味，清爽。稍後會出現香草味。
●味道　輕盈柔滑。薄荷、藥草、柳橙皮、花草茶。易飲。

Data

700mℓ 45度

Old Grand Dad

老祖父 114

19世紀中葉，由雷蒙德·海登(Raymond Hayden)為了向祖父致敬而命名。特色是配方中裸麥比例很高，目前在克萊蒙特的金賓蒸餾廠釀製。「114」表示酒精度數為114 proof(57%)。

●香氣　芳甜華麗。青蘋果、楓糖漿、香草、油脂。
●味道　中等酒體。辛辣濃郁。苦味柳橙。有點橡木味。

Data

750mℓ 57度

Line Up

Old Grand Dad 80

Evan Williams

伊凡威廉
黑牌

「伊凡威廉」就是1783年於肯塔基州的路易維爾蒸餾出威士忌的人。他從威爾斯移民過來，與以利亞·克雷格（Elijah Craig）同被尊為「波本之父」。這支酒的製造商是海悅（Heaven Hill），穀物混合比例與「美國錢櫃」以利亞克雷格相同。

●香氣　甜美溫和。穀物、苦味柳橙、香草、椰子。
●味道　中等酒體。水果味與麥芽味。木頭煙燻味。

Data

750㎖ 43度

Line Up

12年／single barrel／23年

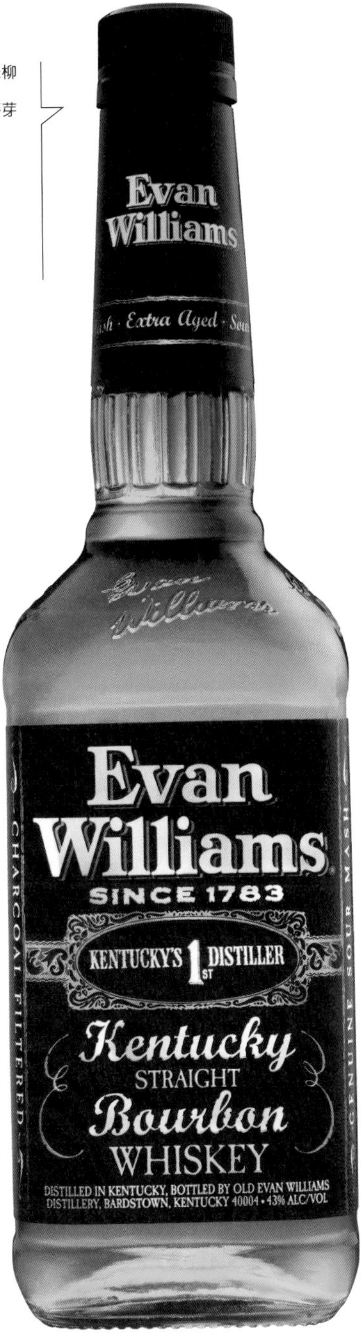

Jim Beam Rye

金賓 裸麥

金賓公司釀製的純裸麥威士忌。裸麥占主要原料的51%以上，且在經過烘烤處理的新桶中熟成超過2年，才能稱為純裸麥威士忌。這支酒未標示年份，不過主要是6年陳釀。酒體雖輕盈，但可品嘗到裸麥的個性。

●香氣　五香粉。複雜卻沉穩。薑黃、裸麥麵包。
●味道　輕盈柔順。辛辣有油脂感。像裸麥麵包般鬆軟。

Data

700㎖ 40度

Maker's Mark

美格

蘇格蘭移民塞繆爾（Samuels）家族創立的品牌，目前蒸餾廠位於肯塔基州的洛雷托（Loretto）。公司的方針是手工少量生產，每一瓶酒都有紅色手工封蠟。特色是以冬小麥取代裸麥（玉米70%、小麥16%、大麥麥芽14%），釀出圓潤溫柔的風味。

●香氣　溫柔豐腴、果香。香草、楓糖漿、甜焦糖。
●味道　中等酒體。驚人的圓潤絲滑。奶油糖、香草、橡木。

Data

750㎖ 45度

Jim Beam Bourbon

金賓

1795年創業，歷史超過200年的金賓，擁有全球120國以上的酒友，人氣超高。使用優質玉米所釀製的4年陳原酒，特色是口感溫和，能品嘗到玉米的香甜。由於香甜且口感確實，也很適合調成高球雞尾酒。

●香氣　香草、焦糖。略微的香甜。
●味道　輕盈的焦糖及香草，接著是些微的木桶味。餘味乾爽。

Data

700㎖ 40度

Line Up

Premium ／ Black Label ／ Rye ／ Honey

Knob Creek

留名溪

這也是金賓公司的小批次系列之一。「留名溪」是肯塔基州一條小河的名字，據說美國第16任總統林肯幼時曾住在這條河旁邊。這支酒是故意將新酒的酒精度數設定得比較低，然後裝進內側經過猛烈烘烤處理的酒桶中，熟成9年。

●香氣　楓糖漿、香草、杏仁。馥郁深邃。玉米的甘甜。
●味道　中等至飽滿酒體。甘甜且辛辣。香草、椰子、焦糖。

Data

750㎖ 50度

Booker's

原品博士

金賓公司小批次生產系列之一，從該公司第6代首席釀酒師布克．諾埃（Booker Noe）所嚴選出來的酒桶，以原酒強度裝瓶。目前由他的兒子佛雷德．諾（Fred Noe）負責裝瓶工作。酒精度數雖強，但有香草、楓糖漿般的芳香，非常順口。

●香氣　楓糖漿、香草、蜂蜜。果香、平衡極優。甜美。
●味道　中等至飽滿酒體。可可、椰子。餘味是薄荷悠久綿長。

Data

750㎖ 63度

Blanton's

巴頓

這是古代（Ancient Age）公司於1984年銷售的單桶波本威士忌，並且以手工方式一瓶一瓶飾以賽馬標誌。酒名是為了紀念艾伯特．巴頓（Albert Blanton）這位波本威士忌釀製大師，且由他的弟子埃爾默．T．李（Elmer T. Lee）將之商品化。由單一酒桶裝瓶，每一次的風味皆有微妙的差異。

●香氣　椰棗、水果乾。堅果香並帶油脂感。稍後會出現香草奶油味。
●味道　飽滿酒體。豐腴厚實。甘甜且帶勁，有點橡木風味。

Data

750㎖　46.5度

Line Up

Black／Gold

Elijah Craig 12years

美國錢櫃
以利亞克雷格12年

以利亞．克雷格（Elijah Craig）是一位浸禮教會牧師的名字，他是首次在肯塔基州釀製波本威士忌的人。雖被尊為「波本之父」，但他其實是蘇格蘭移民。目前釀製此酒的是海悅公司，蒸餾廠位於路易維爾。

●香氣　飽滿有勁。成熟的水果、杏仁。黑櫻桃。
●味道　沉厚有勁。嗆辣且帶橡木味。楓糖漿。尾韻有油脂感。

Data

750㎖ 47度

Line Up

12年／Single Barrel 18年等

威士忌學堂 ▸ [4]

這次來學學
威士忌的「冰飲」怎麼喝！

冰飲・on the rocks

威士忌的喝法非常多樣。
我們來學習如何加冰塊暢飲吧！

享受滋味的變化

純飲也很讚，但是冰飲能隨時間享受冰塊逐漸溶化後的滋味變化，不妨把這招學起來。

波本老師
解說
冰飲的魅力

位於日本神奈川縣上大岡的「ShotBar Destiny」，是行家才知道的波本威士忌專賣店。其實老闆奧野就是2010年歇業的銀座名店「ShotBar BOURBON」的老闆，目前雖然換了地方，但是店裡的品項以及無與倫比的知識依然不變。架上擺滿了500種以上的波本威士忌，其中甚至有1920年代美國禁酒令時代裝瓶的超頂級年份名酒。為了以最佳狀態享受波本名酒，該店使用從專賣店採購的純冰。釀製波本的水通常是超硬水，若是正攻法，最好使用硬水製的冰塊，不過日本人不太喝得慣硬水中的礦物質成分，因此奧野特別採用適合日本人的軟水製冰塊。

Data
ShotBar Destiny
ショットバー デスティニー
地址：神奈川縣橫浜市港南區上大岡西2-9-15
營業時間：18:00～翌日2:00
定休：不定期
http://ameblo.jp/shotbardestiny/

左）「野火雞」、「美格」等高知名度品牌應有盡有。右）禁酒令時代的酒。
全是稀世珍品。

＼在家／
製　作　冰　球

冰飲一定要用到冰塊。這裡公開奧野切割冰塊的祕技，請務必在家試試！

1 將碎冰錐刺進冰塊中央。

2 刺出一長條直線貫穿冰塊表面。

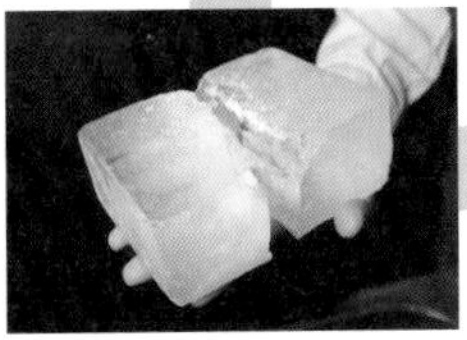

3 刺出裂痕後，就能輕易分成兩半。

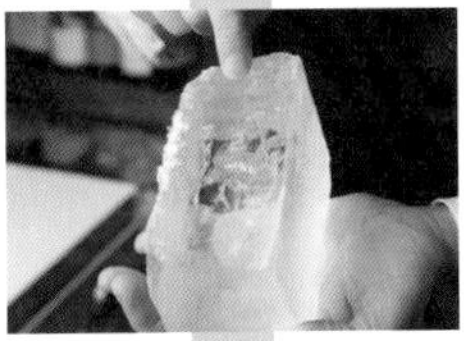

4 看得見冰塊裡有所謂的「線」，即冰的紋理。

5 用碎冰錐沿著線刺入，刺成二等分。

6 刺成一手可掌握的大小。

7 接下來要輕輕削去所有尖角。

8 邊在掌心旋轉邊削成圓球狀。

講到要冰飲，當然還是波本！

享受深邃滋味的純飲當然很好，但冰涼的冰飲也別有風味。
本章介紹可深刻品味波本加冰塊的祕訣，
以及適合冰飲的波本威士忌。

從注滿酒杯起一直到空杯享受滋味的變化

邊傾聽冰塊撞擊酒杯的聲音，邊獨自靜靜喝著波本威士忌——彷彿從前懸疑小說中的場景。

冰飲的話，雖然比較不容易聞到酒的香味，不過可以隨著冰塊逐漸溶化而喝到不同的風味。波本這種衝擊性強的酒，很適合搭配冰塊飲用，但是冰塊整個溶化後味道會太淡，需留意。

冰飲的要訣

Point 1

先把酒杯冰好

加冰塊的目的不是稀釋波本威士忌，而是冰冰地喝。為了盡可能延遲冰塊溶化的速度，宜在飲用前2～3個小時先將酒杯放入冰箱冷凍。

Point 2

使用大且不易溶化的冰塊

如前所述，冰塊越不易溶化越好。自家冰箱冷凍的冰塊是細小水分子結晶的集合體，一下就溶化了，但市售的冰塊或天然冰是單結晶，堅硬而不易溶化，酒就不容易變薄。

Point 3

有攪拌棒會更方便

一般認為調製冰飲的正確方式是，先將冰塊放入玻璃杯，注入酒，攪拌13圈半。要享用正統的調製法，就必須準備攪拌棒。當冰塊慢慢溶化後，也需要用攪拌棒將水分攪拌均勻。

適合以冰飲方式享用的
極品波本威士忌

波本威士忌多半酒精度數高，
因此很適合冰飲。
這裡介紹難得一見的超稀有極品在內的各種波本名酒。

OUTLAW 12 YEARS OLD

亡命之徒12年

「outlaw」意為亡命之徒。酒標上有西部開拓時代11名通緝犯的肖像。

冰飲
更豪邁

JAZZ CLUB 15 YEARS OLD

爵士俱樂部15年

酒精度數高達50.7度，但它不僅濃厚而已，還有溫和芳潤的香氣及深邃的濃郁於口中化開。

A.H.HIRSCH RESERVE 16 YEARS OLD

A.H.HIRSCH
精選16年

波本威士忌多半風味濃厚，但是這支酒有著清爽優雅的香氣及溫柔的芳甜。

EVAN WILLIAMS 15 YEARS OLD

伊凡威廉
15年

伊凡威廉是開拓時代於肯塔基州第一位釀製威士忌的人。

OLD RIP 12 YEARS OLD

老溫克爾12年

這是以小麥為原料製成的波本威士忌，比裸麥製的波本更香，也是奧野很喜歡的一支。

WOODFORD RESERVE V.I.P.

渥福精選
V.I.P.

令人驚歎的華麗香氣。有著桃子、香瓜等高雅穩重的甜味，餘韻悠長。

OLD GRAND-DAD BONDED

老祖父
保稅威士忌

甜味、香氣、濃郁度等皆平衡得宜。此外，這種酒瓶形狀出現在1990年代前半段，如今已非常罕見。

OLD GROMMES 16 YEARS OLD

老格羅梅斯
16年

強勁度與甜味平衡得十分絕妙。屬於大眾口味，新手也很適合。

務必
試試
冰飲

OLD WELLER ANTIQUE 7 YEARS OLD

威廉羅倫古典風華波本
7年

僅以小麥及玉米製成，因此口感潤滑易飲。酒精度數高達53度，小心別喝過頭！

A.H.HIRSCH RESERVE 20 YEARS OLD

A.H.HIRSCH
精選20年

1998年上市，全世界限量3000瓶，熟成期間長達20年，因而甜味鮮明。

WILD TURKEY 8 YEARS OLD

野火雞
8年

強勁的嗆辣後是纖細怡人的甜美，令人陶醉，深深虜獲了奧野的心。

OLD RIP VAN WINKLE 15 YEARS OLD

老溫克爾
珍藏15年

強烈到令嘴唇麻痺，然後是緩緩化開如蜂蜜般的芳甜。奧野喝了一口便覺驚豔。

以冰飲方式
能嘗出
好滋味

BLANTON'S 1998

巴頓1998

賽馬標誌引人注目。在日本也買得到，但這支酒屬於限量發售。

PAPPY VAN WINKLE'S 23 YEARS OLD

「老爹」溫克爾
23年

熟成時間比一般的波本威士忌還要長，因此酒桶香氣強烈，而且有著成熟的澀味。

VERY OLD COLONEL LEE 8 YEARS OLD

上校老李
8年

強勁中帶著甜美，尾韻是芳潤的香息久久不散。酒名來自南北戰爭時一位南部的英雄。

PICK UP !

加對冰的
喝法

若想要突顯冰涼感，建議調成「煙霧」

你知道「煙霧」(Mist)這種喝法嗎？方法十分簡單，就是使用剉冰而已。比一般的冰飲更冰涼，風味也不同。

世界唯一!?的冰塊在日本的日光

距離東京不到200 km的日光地區，
有廠商以傳統工法製作天然冰。
我們前去採訪，果然看到了「極致之冰」。

「守護日光的傳統」一群人秉持此信念，傾注熱情製作冰塊。

這種透明感只有天然冰才有。必須仔細看才看得到，冰塊裡每隔1cm就有氣泡，宛如年輪般。

切下來的冰塊，利用手工做的竹製軌道，從採冰池運至冰庫。

堪稱「上天所賜」是大自然恩惠的結晶

「四代目德次郎」是創業超過百年歷史的天然冰製造老店。秉持「不能讓傳統工法中斷」的信念，目前由入門拜師學藝的第4代傳人守護這項製作期間長達一年的傳統工藝。每年12月在溫度降至冰點以下的夜間，一天會長出約1公分的冰，將冰切下來移至冰庫；這樣的製作工法不但受天候影響，如果積雪，冰會變髒，因此還得勤於鏟雪，簡直是「看老天臉色」且必須費盡工夫才能完成的結晶。這種外觀美麗又略帶甘甜的天然冰，是威士忌冰飲的至寶，請務必嘗嘗它的特別之處。

PICK UP !

以德次郎冰塊調製威士忌冰飲的BAR

「珈茶話」是一間咖啡酒吧，離下今市站不遠。在這裡可以喝到用德次郎冰塊調製的威士忌冰飲與高球雞尾酒。如雪般輕盈，在舌尖上溶化的剉冰真是絕品！老闆父子是支持「四代目德次郎」的有志之士。

Data

Cafe and Diningbar 珈茶話

カフェアンドダイニングバーかしわ

地址：栃木縣日光市今市1147

TEL：0288-22-5876

營業時間：11:00～25:00　定休：週二

也販售家庭用的小包裝冰塊

要在家享受最棒的威士忌冰飲，當然還是少不了天然冰。你一定要親自品嘗這種天然冰的特殊滋味。

「碎冰塊」

1袋1.1kg裝。
可以上網購買。
(有)フードピア日光
http://foodpia.co.jp/

新宿二丁目
「Velvet Overhigh'm D.M.X」
能登谷健二

「從憧憬
走入威士忌世界。」

Whisky Lovers♥

邊喝威士忌邊聽音樂

或許靜靜享受也不錯，
但是一杯威士忌在手，聆聽喜歡的音樂，
應是美妙的至福時光。

攝影＝加藤史人、內田年泰、Dina Regine、三得利新宿匯集了日本首都東京龐大的能量與眾人的欲望。不過在極其混沌的新宿二丁目，有一家充滿了靈氣的搖滾酒吧，店名叫做「Velvet Overhigh'm D.M.X」（俗稱DM），樂迷夜夜在此談天並享受震懾心魂的音樂。

「DM」是前「Down Town Boogie Woogie Band」的第一代鼓手、也是「Carol」樂團成員的相原誠所成立的店，只有內行人才知道。這家店目前由「能登谷樂團」主唱能登谷健二負責打理，客層從音樂愛好者到單純酒迷皆有，有時還會遇上大咖音樂人在此暢飲，堪稱一處非常「混沌」的空間。

該店的唱片以搖滾樂為主，高達4000～5000張。由於很多客人會一手威士忌地沉醉其中，當然得準備與威士忌絕搭的好音樂。

威士忌與音樂的關係極為密切，而搖滾與波本的組合已是王道。

架上排滿許多年代久遠的唱片，從搖滾到藍調應有盡有。

能登谷與威士忌的邂逅

矢沢永吉

「 I Love You, OK 」

能登谷開始喝威士忌是因為這張唱片。當初受第2首歌曲〈Whisky Coke〉的影響而開始自己調製。如今，他可是一天喝一瓶波本威士忌的狂人。

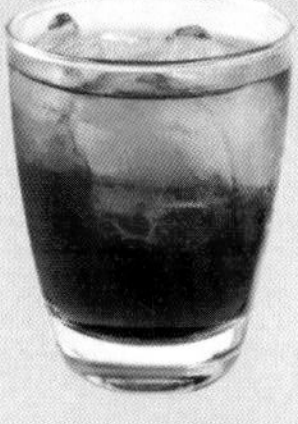

Whisky Coke
威士忌可口可樂

威士忌加可樂，是美國十分普遍的飲料。順帶一提，要調製這種飲料，當然要使用可口可樂。雖然能登谷表示他喝不慣。

標準的搖滾客

傑克・丹尼爾的搖滾人生

說到傑克・丹尼爾（Jack Daniel），想到的是一次與7個女人交往啦、墓地上還專為女粉絲準備椅子等……。他的死也是非常搖滾的。某次他焦躁地踢飛自己的保險箱而受傷，結果感染了敗血症。堪稱搖滾客之極致。

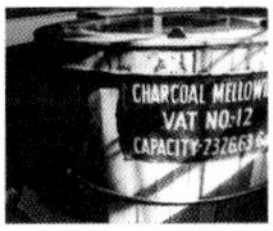

獨創「糖楓木炭過濾法」來釀製威士忌，此舉正是工作認真的表現。

能登谷推薦

適合搭配威士忌歌曲 Best 30

從店裡數千張唱片中精選出來的最佳 30 張！題名為「讓威士忌更美味的歌曲」。
那麼，是哪些歌曲獲選呢？

J.GEILS BAND
（J・吉爾斯樂隊）
「FULL HOUSE」

♪ Home Work

保留R&B特色的搖滾歌曲又稱為美國搖滾。〈Home Work〉是一首早期的藍調風格名曲。

02

Tom Waits
（湯姆・威茲）
「Blue Valentine」

♪ Blue Valentine

美國加州出生的創作歌手，因為一曲〈Tom Traubert's Blues〉而名聲大噪。獨自靜靜喝著岩石杯中的威士忌時，冰塊發出的咯噹聲與這首〈Blue Valentine〉真是絕配。

01

THE ROLLING STONES
（滾石樂隊）
「TIME WAITS FOR NO ONE」

♪ TIME WAITS FOR NO ONE

這是絕不能不提的名曲。加了效果器的吉他與鋼琴中加入獨特的混音，讓醉意更昇華。

03

Whisky Lovers♥

邊喝威士忌邊聽音樂

淺川真紀（Maki Asakawa）
〈灯ともし頃〉（上燈時分）

♪ 夜

2010年1月17日驟逝。憂鬱且情意綿綿的歌聲誘人想來杯威士忌。邊聽〈夜〉邊以純飲方式敬這位歌手。

06

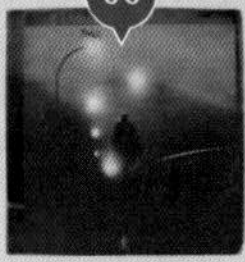

CHRIS REA（克里斯・里亞）
「Dancing With Strangers」

♪ Windy Town

克里斯・里亞的情歌無人能出其右。這張專輯一改之前的風格，搖滾色彩強烈。

05

MAL WALDRON
（馬爾・沃頓）
「BILLIE HOLIDAY」

♪ LEFT ALONE

1950年代起走紅的爵士鋼琴家，也是比莉・哈樂黛（Billie Holiday）的伴奏者。這首曲子因為獻給比莉而極為有名。

04

07

Janis Joplin
（珍妮絲・賈普林）
「CHEAP THRILLS」

♪ Turtle Blues

以「大哥控股公司樂團」(Big Brother & The Holding Company)成員身分發行的專輯。唱得深情淋漓。

08

VAN HALEN（范・海倫）
「Woman and Children First」

♪ Take Your Whiskey Home

放克加藍調，電吉他的加入方式超讚。樂團仍在，聽著就讓人想喝威士忌。

09

Dire Straits
（險峻海峽）
「Communique」

♪ Once Upon A Time In The West

這首歌曲由令人印象深刻的吉他開始，經常成為「險峻海峽」現場演唱時的開場曲。

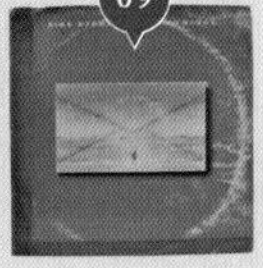

10

THE ALLMAN BROTHERS BAND
（歐曼兄弟樂團）
「THE ALLMAN BROTHERS BAND」

♪ Windy Town

單調的鍵盤樂器與亢奮的吉他呈對比。請喝威士忌喝到茫，然後邊搖擺身體邊聽。

11

Freddie King
（佛雷德・金）
「Freddie King (1934-1976)」

♪ T'aint Nobody's Bizness If I Do

旋律令人連想到美國鄉村的大片玉米田，那麼，自然會想喝波本威士忌。

12

電影原聲帶
「PARIS, TEXAS」

♪ PARIS, TEXAS

由雷・庫德(Ry Cooder)演奏的吉他，每一個音都彈得如此慎重，令人印象深刻。電影的感動與威士忌一同滲入心中。

13

Down Town Boogie Woogie Band
「夜霧のブルース」
（夜霧下的藍調）

♪あゝブルース
（啊！藍調）

保留流行歌曲曲風的藍調於腹中沉甸甸地響起，讓人想慵懶地喝威士忌。

14

TONY JOE WHITE
（湯尼・喬・懷特）
「Black and White」

♪ WILLIE AND LAURA MAE JONES

優美的吉他音色以及低沉的煙嗓十分怡人。

15

NEIL YOUNG
（尼爾・楊）
「LIVE RUST」

♪ HEY HEY MY, MY

吉他音色乾淨，但也感覺得到沉重。和音以及尼爾的歌聲都飄著淡淡的哀愁。

16

Fleetwood Mac
（佛利伍・麥克）
「English Rose」

♪ Albatross

從封面實在很難想像（笑）這是如此甜美溫柔的一首歌。在淡然卻厚重的低音中不覺醉了。

17

FREE（自由合唱團）
「HIGHWAY」

♪ The Stealer

保羅・羅傑斯(Paul Rodgers)抑揚且情感豐富的歌聲蕩氣迴腸。果然「The Voice」的封號名不虛傳。

18

Billie Holiday
（比莉・哈樂黛）
「BILLIE's BLUES」

♪ GLAP TO BE UNHAPPY

弦樂器的優美旋律中，比莉的沙啞嗓音悠然自得地舒展開來。最後一杯，想飄蕩於夢想與現實的窄縫間。

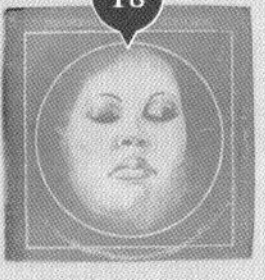

J.J.CALE（傑傑卡爾）
「Glass Hopper」

♪ Drifters Wife

21

樸素的吉他演奏是象徵性的鄉村搖滾。勾起鄉愁的美麗琶音與威士忌，讓人忘卻日常的喧囂。

JOE COCKER
（喬・庫克）
「MAD DOGS AND ENGLISHMEN」

♪ The Letter

20

爵士鋼琴般的音色，與管樂器、合唱一起華麗共鳴。來吧，正是喝威士忌的時候。

doors（門戶樂團）
「WAITING FOR THE SUN」

♪ SPANISH CARAVAN

19

加進了佛朗明哥吉他，可以聽見「門戶樂團」才有的樂句。中間加入的鍵盤樂器令人渾然忘我。

Leon Russel
（里昂・羅素）
「Leon Russel」

♪ HUMMINGBIRD

24

里昂・羅素的音樂有根音樂（roots music，美國民間音樂）的空氣感，聽這樣的音樂，最適合坐在木製的吧檯冰飲威士忌。

VAN MORRISON
（范・莫里森）
「AVARON UNSET」

♪ ORANGEFIELD

23

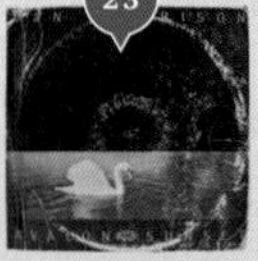

慵懶的歌聲，最適合在家享用威士忌時聽。沙發與威士忌太搭了。

U2
「RATTLE AND HUM」

♪ BULLET THE BLUE SKY

22

在微醺之際聽這首歌，會感覺酒液瞬間流遍五臟六腑，同時音樂的快感貫穿全身。

Pink Floyd
（平克・佛洛伊德）
「The Dark Side of The Moon」

♪ Time

27

這張專輯是前衛搖滾的名盤，而這首歌曲可謂極致的瘋狂之作。不喝威士忌就不可能聽得懂。

JIMI HENDRIX
（吉米・罕醉克斯）
「Are You Experienced」

♪ Hey Joe

26

委身於吉米・罕醉克斯獨特且怡人的樂音中，喝一口威士忌。這是一首被翻唱多次的名曲。

STING（史汀）
「Bring on the night」

♪ Moon Over Borbon Street

25

這首歌在歌誦從波旁街看見的月亮。憂鬱又帶點傷悲。聽著聽著會想走到夜晚的大街上。

JULIE DRISCOLL BRIAN AUGER & DESTINY
（茱莉・德里斯科爾、布萊恩・奧格與三位一體）
「STREETNOISE」

♪ INDIAN ROPE MAN

30

情意綿綿的歌聲與快活的鍵盤樂器令人著迷，彷彿不知不覺就會喝乾威士忌。

Muddy Waters
（穆迪・瓦特斯）
「FATHERS AND SONS」

♪ ALL ABOARD

29

一邊聆聽這首好玩又陽光的歌曲，一邊閉上眼睛喝波本威士忌的話，就彷彿置身美國了。

Led Zeppelin
（齊柏林飛船）
「Led Zeppelin III」

♪ Since I've Been Loving You

28

羅伯・普蘭特（Robert Plant）的唱功真了得。舞台下的瘋狂勁，正是搖滾樂團的本色。

那些搖滾樂手所鍾愛的威士忌

感覺搖滾樂手的身邊都會有威士忌。那些名樂手都是喝怎樣的威士忌呢？

凱斯・理查德茲
（Keith Richards）

REBEL YELL

說到凱斯，好像常常看到他單手拿著「傑克丹尼爾」的照片，但其實歌迷都知道他很愛這款「Rebel Yell」波本威士忌。「Rebel Yell」的意思是叛逆者的吼叫，也很符合凱斯。

湯米・李
（Tommy Lee）

傑克丹尼爾

克魯小丑樂團（Mötley Crüe）的第一代鼓手，要說稀世帥哥，非此人莫屬。他強勁的表演風格帶動了許多追隨者，影響音樂界甚鉅。他有次接受海外音樂雜誌的採訪，留下一句名言：「我的血液全是傑克丹尼爾。」

艾瑞克・克萊普頓
（Eric Clapton）

金賓（白）

有「Slowhand」暱稱的吉他之神。不常聽西洋音樂的人，也應該聽過〈萊拉〉（Layla）這首歌，對不斷呼喊「萊拉！」的副歌部分印象深刻。唱片封套上好幾次出現金賓威士忌，大家都知道他是威迷。

Whisky Lovers♥

邊喝威士忌邊聽音樂

以威士忌為題的名曲

樂團的歌曲中，有不少以威士忌為題。平時即與他們如影隨形般的威士忌，果然對他們的意義特別不同。

Metallica
（金屬製品）

♪ Whiskey In The Jar

翻唱瘦李奇合唱團（Thin Lizzy）改編過的版本。榮獲葛萊美獎，真是帥呆了。

Procol Harum
（普洛柯・哈倫）

♪ Whisky Train

整首歌的氛圍，彷彿是一邊喝著威士忌一邊旅行般。

Bob Dylan
（巴布・狄倫）

♪ MoonShiner

這首歌描寫私釀威士忌的人，歌聲哀淒。

Stray Cats
（迷途貓合唱團）

♪ Wicked Whisky

美國的新洛卡比里（Neo rockabilly）樂團。是首展現布萊恩・塞澤（Brian Setzer）吉他技巧的演奏曲。

©Joel Telling ©Dina Regine ©Kreepin Deth ©Henryk Kotowski ©Yummifruitbat

Whisky Major 5

5

命運多舛的威士忌

加拿大威士忌

Canadian Whisky

加拿大威士忌的普遍化，與美國的禁酒令關係匪淺。了解它的歷史之後，喝起來會更有滋味。

Canadian Whisky 1 ▼ KNOWLEDGE

加拿大威士忌的基本知識

代表性產品是「加拿大會所」。雖然予人的印象一點都不華麗，但確實兼具歷史與深度。

[Canadian Topic 1]

禁酒令時代的加拿大威士忌

美國的禁酒令對加拿大威士忌業者而言，是個千載難逢的良機。由於加拿大政府並未禁止出口威士忌，因此業者想方設法地出口到美國去。

以海勒姆沃克（Hiram Walker）公司出品的「加拿大會所」（Canadian Club）為例，只要底特律河一結冰，很多美國人都會過河到加拿大，採購加拿大會所來賺點零用錢。

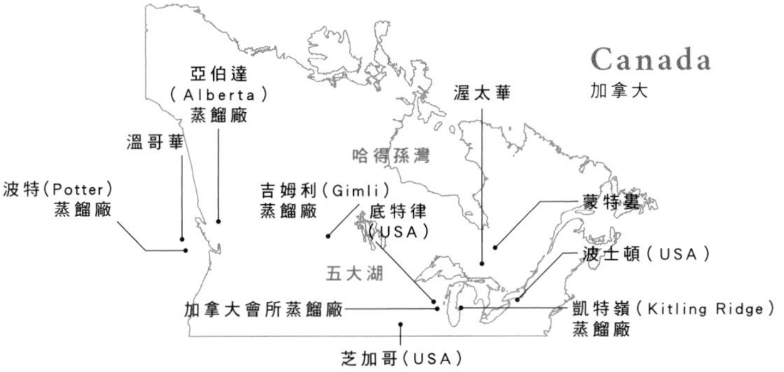

加拿大威士忌的歷史

加拿大於17～18世紀開始釀製威士忌。1776年美國發表獨立宣言，策劃脫離祖國英國時，住在美國東部的英國裔移民不願獨立，因而跨越國境遷居至五大湖周邊，開始在那裡種植穀物。後來大型商用製粉廠成立，他們幫農民碾碎穀物，再收取剩餘的穀物作為報酬，然後用這些穀物開始蒸餾威士忌。加拿大初期的蒸餾廠幾乎都是製粉廠的副業。

「加拿大會所」堪稱加拿大威士忌的代名詞。出品廠商海勒姆沃克公司的創始人海勒姆．沃克，是一名在底特律擁有許多事業的大富豪。1856年，他在底特律的對岸、今日的溫莎市買下約4萬英畝土地，1858年成立製粉廠兼蒸餾廠。不久，釀製出來的威士忌命名為「俱樂部威士忌」，是最早有品牌且裝瓶銷售的加拿大威士忌之一。

[加拿大威士忌的種類]

芳香威士忌（Flavoring whisky）

以裸麥作為主要原料，連續蒸餾之後，再以單式蒸餾器進行蒸餾，使其氣味香醇。

＋

基礎威士忌（Base Whisky）

以玉米為主要原料，以連續蒸餾器進行蒸餾，酒質相對澄清潔淨許多，氣味較為溫和。

↓

加拿大威士忌

調和芳香威士忌與基礎威士忌之後加水。

[Canadian Topic 2]

加拿大威士忌與雞尾酒

1880年代，加拿大威士忌在美國東部相當受歡迎，思及它的歷史，就想一邊回憶禁酒令時代，一邊品嘗使用萊姆汁調製的「紐約」、有「雞尾酒女王」美稱的「曼哈頓」，或是「布魯克林」等雞尾酒。布魯克林就是禁酒時期聲名大噪的艾爾・卡彭出生的地方。

布魯克林　　紐 約

Canadian Whisky 2 ▸ BRAND

加拿大威士忌
名鑑

加拿大威士忌的品牌並不多，
但這2支都兼具歷史與實力，絕對「錯不了」。

Canadian Club
加拿大會所

1858年，海勒姆·沃克在最南端安大略省的溫莎市建立最能代表加拿大的蒸餾廠。這支酒起初取名為「會所威士忌」，但遭到美國業者反彈，於是改名為「加拿大會所」。特色是將芳香威士忌新酒與基礎威士忌新酒加以調和。

●香氣　輕盈柔順、乾淨。柑橘類水果、青蘋果、薑汁汽水。
●味道　輕盈酒體，非常乾淨。酯類、溶劑。清爽的高原水果。

Data

700mℓ 40度

Line Up

Black Label ／ Classical 12年／20年

Alberta Springs 10 Years
阿爾伯塔之泉 10年

蒸餾廠創立於1946年，位於西部的亞伯達省，周邊是加拿大最大的裸麥產區，也是加拿大唯一一家芳香威士忌與基礎威士忌皆以裸麥為主原料的蒸餾廠。特色是採用裸麥而有辛辣爽快的口感。這款10年陳威士忌以木炭過濾器過濾，因此有著柔和而圓潤的風味。

●香氣　柳橙與梅子。甜美的花果香，且略帶溶劑的香味。微微的木頭香。
●味道　中等酒體。水果味，且有點類似起司的味道。餘韻熱辣。

Data

700mℓ 40度

Line Up

Premium ／10年

Whisky Trivia

威士忌冷知識 10

關於威士忌的10則冷知識。
連這些都知道的話，你也是個厲害的威士忌通了！

[Trivia] 1 全球最知名的威士忌人物是誰!?

這肯定非「約翰走路」(Johnnie Walker)莫屬了。這是1820年創業的「約翰華克父子」(John Walker & Sons)公司所創立的品牌，當時採用的形象人物就是這位「邁步向前的紳士」。紳士帽配單片眼鏡、紅色長禮服搭枴杖，腳穿黑色長靴，颯爽的走路英姿，瞬間引爆話題。

「約翰走路」是個虛擬人物，是當時大英帝國第一人氣漫畫家湯姆·布朗恩(Tom Browne)所創作的。同一時間，該公司還推出了「born in 1820, still going strong」(生於1820年，至今依然邁步向前)這句優秀的廣告詞。

[Trivia] 2 威士忌有益健康？

或許因為近年來健康意識抬頭，大家注意到了威士忌的健康功效。相較於日本酒與啤酒，威士忌的熱量算非常低。一大瓶啤酒的熱量約為250大卡，與之同酒精量的威士忌大約是雙份一杯，但是熱量只有180大卡，等於是啤酒的7成而已！

此外，在橡木桶中熟成的威士忌，含有可預防老化、疾病的多酚，以及可抑制黑色素(melanin)的成分，是愛美女性的佳音，或許可期待威士忌的美肌功效!?

[Trivia] 3 以「鈴木一朗」為名的麥芽威士忌!?

2008年3月於日本埼玉縣秩父市創立的「Venture Whisky秩父蒸餾廠」，是日本相隔20年後新成立的蒸餾廠，在威士忌迷之間引起熱烈回響。該公司推出了一支以「Ichiro's Malt」為商標的威士忌。「Ichiro's Malt」名稱的由來，當然不是活躍於美國職棒大聯盟的鈴木一朗，而是創始人肥土伊知郎。「Ichiro's Malt」於2009年的「全球威士忌大獎」(WWA)中，奪得最佳日本單一麥芽獎，活躍程度正是鈴木一朗等級。

[Trivia]

4

藏在「傑克丹尼爾」裡的「7」之謎

「傑克丹尼爾」酒標中央有個「NO.7」，這個「7」究竟意義為何，眾說紛紜，真相如謎。我們就為好奇的讀者介紹其中一種說法吧！「傑克丹尼爾」的創始人是賈斯珀・牛頓・丹尼(Jasper Newton Daniel)，俗稱傑克。傑克是個身高僅155公分的「小不點先生」，非常喜歡音樂與派對，據說受歡迎程度為「田納西第一」，一共有7個情人。酒標上的「NO.7」是「傑克祕傳給情人們的訊息」。

「水割」是日本人發明的？

日本人喜歡在少量的威士忌裡頭加水，這種喝法稱為「水割」，在其他國家實屬罕見。日本人的飲食文化較特別，他們把威士忌當成餐中酒，於是發明出「水割」這種添加稍多水分的喝法。此喝法先是在銀座等地區的俱樂部流行起來，之後傳入各個家庭而發展成晚酌威士忌的型態。或許因為日本的水很好喝才有這種喝法吧！

[Trivia]

5

自古蘇格蘭的蒸餾廠就有「養貓」傳統，而蒸餾廠養的貓就叫做「蒸餾廠貓」。養貓目的是了捕捉老鼠，以免威士忌原料的大麥被吃掉。有些貓咪的工作效率太棒，於是蒸餾廠將牠們正式納為員工，專責驅除害蟲；其中最出名的一隻，就是陀崙特（Glenturret）蒸餾廠的陶瑟（Towser），一生共捕捉28899隻老鼠，這項紀錄還被列入金氏紀錄中。陶瑟抓到老鼠後會放在固定的地方，所以這個數字是員工記錄下來的。陶瑟享年23年又11個月，以貓齡來說，真是驚人的高壽了。

金氏紀錄認證的抓鼠貓

[Trivia]

6

[Trivia]

7 第一位喝威士忌的日本人是誰？

有人說是德川家康，有人說是遠渡美國的約翰萬次郎，但是這些說法均無根據。追溯文獻的話，最早是出現於1853年的7月，有段文字記載：「培里提督在浦賀沖接待口譯及其他協助人員而以威士忌款待。」此時獲得款待的口譯及其他協助人員，才是日本最先喝過威士忌的人吧！

[Trivia]

8 全球最暢銷的威士忌

全球最暢銷的單一麥芽威士忌是哪一支？答案是格蘭菲迪蒸餾廠的「格蘭菲迪」。近20年來，它始終穩坐全球最暢銷寶座，年銷量高達70～80萬箱（1箱12瓶）。此外，所有威士忌中最暢銷的單一品牌是美國的「傑克丹尼爾」，年銷量高達890萬箱。不過，「約翰走路黑牌」的年銷量為400萬箱，而且還有紅、金、藍、綠等家族，如果去掉單一品牌這個條件，那麼全球銷售第一的威士忌是「約翰走路」。

[Trivia]

9 蒸餾廠靈異之旅

在蘇格蘭的蒸餾廠會聽到一些靈異故事。例如，斯佩賽的格蘭露斯蒸餾廠就流傳著「愛喝威士忌的幽靈」。幽靈的真正身分是小名為「路邊小孩」的布拉瓦．馬克龍加，是一名在南非路邊撿到的孤兒。他被斯佩賽當地的格蘭特上校收養，過著幸福的生活，死後葬於可以俯瞰格蘭露斯蒸餾廠的墓地。後來，蒸餾廠擴建，據說員工們在新設的蒸餾廠會看見「路邊小孩」的身影。其他還有一些類似的傳聞……。

[Trivia]

10 世界第一的威士忌消費大國是!?

答案居然是印度。之前一直由美國獨霸，但是2003年起被印度拔得頭籌。印度國民有80%以上是印度教徒，一般認為應該不愛喝酒才對。然而，這幾年因為經濟發展，中產階級暴增，啤酒、葡萄酒、威士忌等所有酒類滿街都是。在他們心目中，喝威士忌是一種身分地位的象徵，因而消費量突飛猛進。他們喝蘇格蘭的調和式威士忌，不過大部分都是喝印度產的威士忌。目前印度有近10家蒸餾廠，釀製出來的威士忌個性十足。

威士忌學堂即將進入尾聲。
最後就來研究一下與威士忌很搭的雪茄。

雪茄

說到雪茄，人們往往覺得門檻很高，
但學會最基本的知識與禮儀後，不妨嘗試看看。

知道後就絕對不難了！學習頂級嗜好——雪茄

要享受雪茄，得先具備哪些東西呢……。
本篇將說明你在外面聽不到也問不到的雪茄知識。

吐雲吐霧之際 享受 遠離日常的奢侈感

雪茄的樂趣在於慢慢品味那豐潤的煙霧，同時深深浸淫於非日常的時光。

說到雪茄的最佳拍檔，便是威士忌等烈酒。雪茄留在口中的刺激感很強，因而與萊姆酒、干邑白蘭地、水果利口酒等具有同等強度及甜度的飲品，極為相搭。

雪茄以古巴產的最為高級，那裡的土壤以及氣候相當適合種植菸草，被讚為「奇蹟的土地」，就像法國的勃艮第為葡萄酒勝地一樣。

認識雪茄，得從品牌、強度（body）、尺寸開始了解。各品牌皆有不同的個性，因此最好是先試試幾種，從了解自己的喜好著手。

帶澀味的雪茄，與威士忌適配到不行。這種結合，你一定要親自品嘗看看。

Point 1

應準備齊全的工具

Items

要享用雪茄，首先請準備切割器及專用的菸灰缸。也請準備一個不會減損雪茄芳香的打火機。

雪茄剪 Cutter

鍘刀式。可以平切雪茄頭。有單刀型、雙刀型。

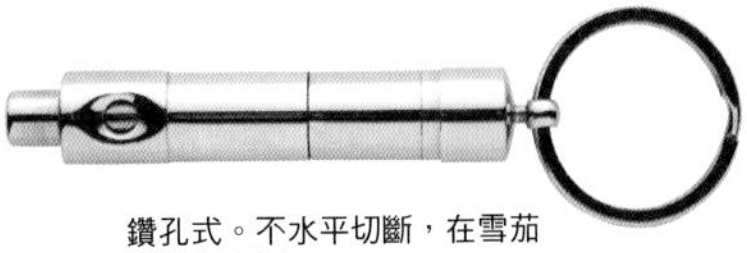

鑽孔式。不水平切斷，在雪茄頭鑽出圓洞。

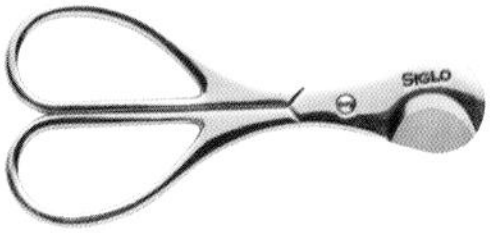

手柄式。可以平切雪茄頭的剪刀，相當普遍。

菸灰缸 Ashtray

雪茄專用菸灰缸都是讓雪茄平放，才不會延燒到上部。這是一人用的金屬製菸灰缸。

陶製、平放雪茄型。雪茄專用菸灰缸的尺寸多半為一人使用。

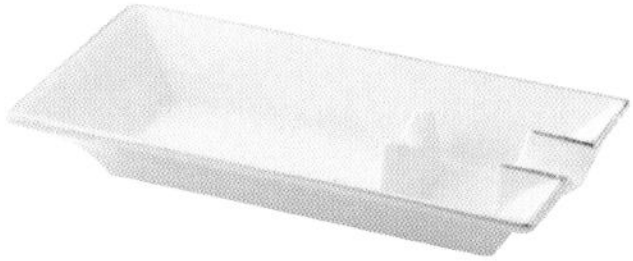

打火機 Lighter

噴槍式瓦斯打火機。抽雪茄嚴禁使用臭味強烈的汽油打火機或硫黃火柴。

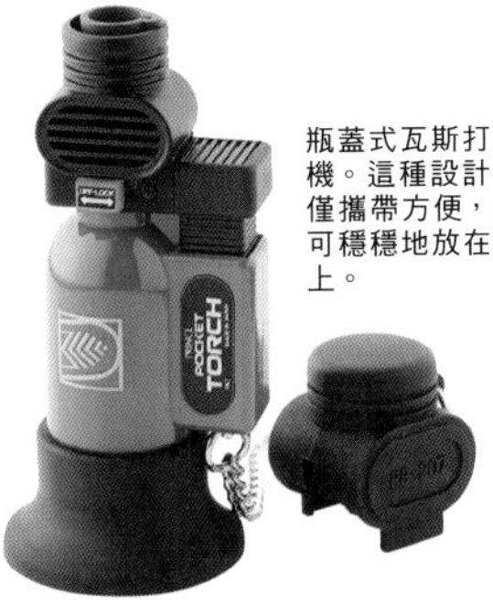

瓶蓋式瓦斯打火機。這種設計不僅攜帶方便，也可穩穩地放在桌上。

彈蓋式瓦斯打火機。可將蓋子彈開來點火。其實只要選擇喜歡的樣式即可。

Point 2

雪茄的基本動作

The Basics of Cigar

抽雪茄前，得先剪開吸口，然後用不會產生臭味的瓦斯打火機或是杉木片來點火。不要吸入肺裡，只在口中慢慢品味。

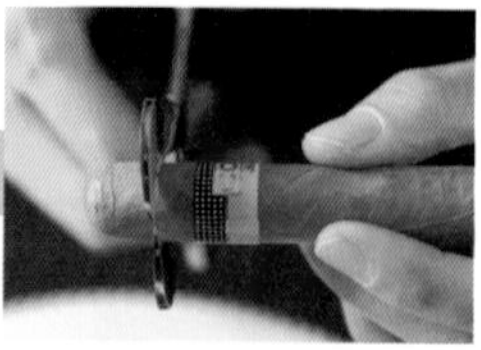

1 剪開吸口

先剪開圓圓的雪茄頭。圖為平切。利用手柄式或鍘刀式雪茄剪水平剪開。

2 點火

邊轉動雪茄邊慢慢點火。雪茄與一般的紙捲菸不同，不能邊吸邊點火。

3 品味

將煙含在口中，翻轉似地品嘗它的香氣與滋味，然後優雅地吐出。通常是1分鐘吸一口雪茄。

不吸就會自然熄滅。剪掉後宜儘早抽完，不宜久放。

Point 3

吸不完時

Second time

基本上是慢慢抽完一根雪茄，但是如果必須中斷，就在熄滅後，於距離菸灰約1cm前剪掉。

Point 4

保存的訣竅

Preserve of Cigar

雪茄非常敏感，保存上必須像葡萄酒一樣注重溫度與濕度管理。溫度宜為18～20℃、濕度宜為70%。

保存雪茄的盒子就叫「雪茄保濕盒」。

在雪茄保濕盒中放入簡易保濕器。

與威士忌成絕配

值得一試的雪茄品牌

相信你已經知道雪茄與威士忌非常適配了，
那麼哪些品牌與威士忌最搭呢？

CIGAR brand 01

〔帕特加斯〕

PARTAGAS

× 大摩雪茄麥威士忌

古巴
最古老的品牌之一

「帕特加斯」是古巴最老牌的雪茄。特色是高強度，滋味樸素帶勁。若要享受深邃的風味，只要選擇「Serie D No.4」般粗大的尺寸，就能明顯感受到品牌的個性。擁有豐腴的甜味以及渾厚感，後半段衝擊性極強的「Presidentes」、「8-9-8 Vanished」等，也是雪茄客的最愛。

Dalmore Cigar Malt

大摩
雪茄麥威士忌

專為搭配雪茄而誕生的威士忌。具有雪茄般的芳甜及力度，是濃烈的「帕特加斯」的最佳拍檔。

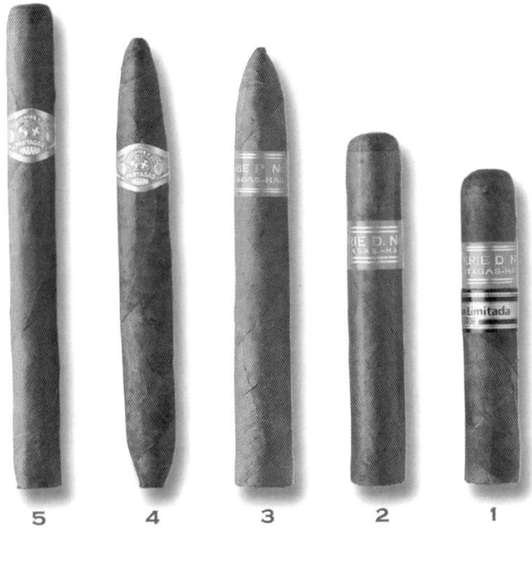

5 4 3 2 1

1）Serie D No.5 Edicion Limitada 2008（19.84×110㎜，80min），限量品，風味厚重。
2）Serie D No.4（19.84×124㎜，45min），羅伯圖（Robusto）尺寸的名品。
3）Serie P No.2（20.64×156㎜，55min），品質安定。
4）Presidentes（18.65×158㎜，45min），名符其實的總統級風格。
5）8-9-8 Vanished（17.07×170㎜，90min），豐腴且厚重。

全球最暢銷的雪茄之王

「蒙特克里斯托」之名來自大仲馬的小說《基度山恩仇記》，1935年問市。

風味強度為中到強。特色是纖細的木頭香，辛辣是它的亮點。

它的「NO・4」是全球最暢銷的雪茄，只要是雪茄客一定都抽過。此外，「NO・1」擁有不少死忠茄迷，在塞萬提斯(Cervantes)尺寸的雪茄之中，它的風味被視為指標。此外，迷上金字塔(Pyramide)尺寸的傑作「NO・2」野性風味的茄迷也大有人在。

如果你是新手，想從紙捲菸換成雪茄的話，建議先從「NO・5」著手。它的尺寸小，因此能抽得自然無違和，品嘗出雪茄芳甜豐潤的香氣與滋味。

Four Roses Super Premium

四玫瑰
白金威士忌

具有泥土、森林、花朵般香氣的「蒙特克里斯托」，適合搭配具有木桶煙燻香的「四玫瑰」。兩者皆有衝擊性的風味，真是絕配。

CIGAR brand 02

〔蒙特克里斯托〕

MONTECRISTO

× 四玫瑰白金威士忌

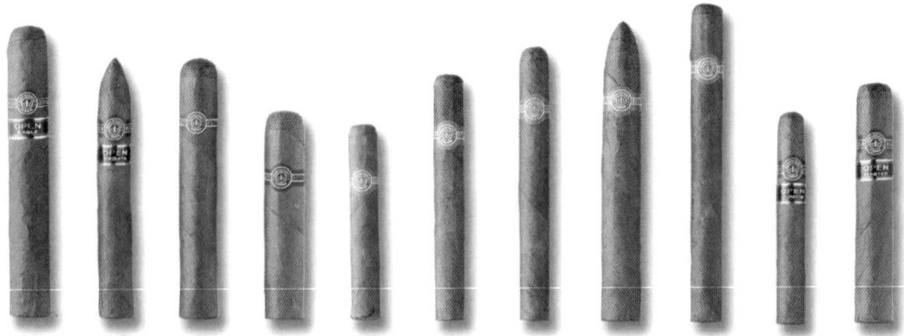

1）Open Master（19.84×124㎜，50min），「蒙特克里斯托」新的Open系列，有著嶄新的風味。 2）Open Junior（15.08×110㎜，30min），與前者同一系列，是它的弟弟。 3）NO.1（16.67×175㎜，75min），人氣不滅的基本款。4）NO.2(20.64×156㎜，70min)，強勁又辛辣。 5）NO.3（16.67×142㎜，60min），有泥土、樹木的香氣。 6）NO.4（16.67×129㎜，45min），品牌中最暢銷的一支。 7）NO.5（15.87×102㎜，30min），雖然較小，但是滋味豐潤。 8）Petit Edmundo（20.64×110㎜，35min），「Edmundo」的弟弟。 9）Edmundo（20.64×135㎜，75min），以這個尺寸來說，風味算很輕盈。 10）Open Regata（18.26×135㎜，50min），風味有點內斂。 11）Open Eagle（21.43×150㎜，80min），香氣溫柔。

CIGAR brand 03

〔高希霸〕

COHIBA

× 麥卡倫18年威士忌

古巴贈予VIP的極品

「高希霸」是古巴的代表性品牌，也是世界頂級的雪茄極品，理由是自1968年創立以來，它僅作為古巴政府贈予VIP的禮品，不在外界流通；直到1982年在西班牙舉行世界盃足球賽時，它才進入歐洲市場，至今仍有許多傳說為人津津樂道。

它的成功得力於特別的農田、菸葉、發酵方式，以及優秀的捲菸人。雪茄客中有人「僅憑香味就認得出是高希霸」。它也因是古巴政治家卡斯楚指定的品牌而聞名。強度屬於中等到強烈。

據說「高希霸」是泰諾族語「菸草」的意思。

7 6 5 4 3 2 1

13 12 11 10 9 8

1）Siglo III（16.67×155 mm，60min），平衡極佳的一支。
2）Piramides Limited Edition（20.64×156 mm，70min），限量品。
3）Siglo V（17.07×170 mm，90min），又酸又辣。
4）Siglo I（16.67×102 mm，30min），尺寸最小，適合女性及新手。
5）Coronas Especiales（15.08×152 mm，60min），香氣甜美又強烈。
6）Exquisitos（14.29×125 mm，35min），濃烈且辛辣。
7）Siglo IV（18.26×143 mm，60min），又甜又辣。
8）Siglo II（16.67×155 mm，45min），這樣的尺寸適合午餐後慢慢享用。
9）Maduro 5 Genios（20.64×140 mm，60min），新系列的「Maduro 5」一共有3種尺寸。
10）Maduro 5 Magicos（20.64×115 mm，50min），風味強勁。
11）Maduro 5 Magicos（15.87×115 mm，25min），瘦小，風味細膩。
12）Robustos（19.84×124 mm，45min），溫和的水果味。
13）Lanceros（15.08×192 mm，80min），名人卡斯楚也很愛。新潮又高雅。

The Macallan 18 Years

麥卡倫
18年

放在雪莉桶中仔細熟成的麥芽藝術品。要用高級的麥芽威士忌來搭配優質的雪茄。

溫和的風味
持續廣受喜愛

「荷約迪蒙特」的口感輕盈、甜美、豐富，強度偏輕。創業於1860年。受到全球茄迷喜愛自不在話下，由於風味輕盈，也很適合新手與女性朋友。

若提到該品牌代表商品，那就是吸菸時間可長達80分鐘的「Double Coronas」，它有著輕飄飄的香草香氣，以及如絲稠般濃郁且複雜的滋味，予人莊嚴的感覺，獲得茄迷一致絕讚。

CIGAR brand 04

〔荷約迪蒙特〕

HOYO DE MONTERRE

× 加拿大會所威士忌

4　3　2　1

Canadian Club

加拿大會所威士忌

「荷約迪蒙特」是古巴雪茄中口感最輕盈的，因此適合搭配同樣輕盈且帶水果風味的加拿大會所威士忌。

1）Double Coronas（19.45×194㎜，80min），代表性的一支。
2）Churchill（18.65㎜×178㎜，60min），非常纖細。
3）Petit Robusto（19.84×102㎜，30min），不太辣，捲成粗胖形。
4）Epicure NO.2（19.84×124㎜，45min），雖做成羅伯圖尺寸，風味卻輕盈且豐富。

CIGAR brand 05

〔羅密歐與茱麗葉〕

ROMEO Y JULIETA

× 史翠艾拉12年威士忌

4　3　2　1

7　6　5

Strathisla 12 Years

史翠艾拉 12年

具有水果風味的「羅密歐與茱麗葉」，適合搭配同樣有水果芳甜的史翠艾拉12年威士忌。輕盈滑潤的口感絕搭。

浪漫的名稱 搭配芬芳的香氣

1875年創業，以「羅密歐與茱麗葉」為品牌名稱，具有相當的歷史。強度中等。

為了向知名老菸槍前英國首相邱吉爾致敬，做出全球首支邱吉爾（Churchill）尺寸雪茄，至今仍深獲好評，擁有豐潤的香氣，是一款優質且正統的雪茄。

本品牌有高達40種以上的粗細及長度，任君挑選，且多半為鋁管包裝。

1）Romeo NO.2（16.67×129 mm，45min），水果風味。
2）Romeo NO.1（15.87×140 mm，45min），推薦給本品牌的新手享用。
3）Short Churchills（19.84×124 mm，45min），本品牌的最新系列。
4）Churchills（18.65×178 mm，70min），擁有大批茄迷，被譽為本尺寸的傑作。
5）Romeo NO.3（15.87×117 mm，25min），適合女性。
6）Cazadores（17.46×162 mm，80min），勁道強，非常有存在感。
7）Exhibicion NO.4（19.05×127 mm，45min），辛辣味不多，甘甜。

與「高希霸」齊名的夢幻雪茄

「特立尼達」，創立於1969年。「高希霸」商業化後，古巴政府為了贈予他國王族、總統而特別製造這個品牌。

之所以被稱為夢幻，是源於曾經是「特立尼達」唯一尺寸的「Fundadores」。它那高雅的香氣及風味，即使上市了仍不斷改良而深深魅惑大眾。很適合在特別的日子哈一根。

Royal Household

蘇格蘭皇家御用威士忌

這是昔日為英國王室專用的蘇格蘭威士忌。特別的日子抽頂級雪茄，當然要搭配這支特別頂級的威士忌。

CIGAR brand 06

〔特立尼達〕

TRINIDAD

× 蘇格蘭皇家御用威士忌

5 4 3 2 1

1）Fundadores（15.87×192㎜，80min），雪茄客必嘗的一支極品。
2）Ingenios（16.67×165㎜，45min），新款，抽到最後都不會膩。
3）Robustos Extra（19.84×156㎜，60min），頗有存在感的尺寸，適合特別的日子享用。
4）Coloniales（17.46×132㎜，50min），尾韻強勁，被稱為本品牌中最難懂但雪茄通最愛的一支。
5）Reyes（15.87×110㎜，30min），本品牌最小的尺寸。

PICK UP！

點火時就用這個！

雪茄基本上要用無臭的瓦斯打火機來點火，而雪茄吧多半備有杉木片。用火柴或打火機點燃杉木片後，就可用杉木片慢慢點燃雪茄。這種方式也是抽雪茄的樂趣。

CIGAR brand 07

〔玻利瓦爾〕

BOLIVER

× 波摩12年威士忌

Bowmore 12 Years

波摩 12年

同為個性派且風味強勁的組合。具有海潮香且平衡卓越的波摩威士忌，搭配具有泥土香且風味強勁的「玻利瓦爾」，相得益彰。

4 3 2 1

1）Petit Belicosos Edicion Limitada 2009（20.64×125㎜，45min），限量品，木頭風味。
2）Inmensas（17.07×170㎜，80min），禁欲般的風味。
3）Royal Coronas（19.84×124㎜，45min），相當辛辣。
4）Colonas Gigantes（18.65×178㎜，105min）。

強勁的木頭風味 適合雪茄行家

「玻利瓦爾」在古巴雪茄中算是風味十分強勁的一支，具有泥土、木頭般的辛辣香氣及滋味。正因為強烈且帶衝擊性，可以看出抽菸者的喜好。適合資深雪茄客，且多半越是資深越愛這支雪茄。

品牌名稱來自委內瑞拉革命英雄西蒙・玻利瓦爾（Simón Bolívar）。

PICK UP！

如何彈掉雪茄灰？

雪茄不必像紙捲菸那樣頻繁地將菸灰彈進菸灰缸，反過來說，即使想彈也彈不掉。當菸灰部分長到2～3cm時，只要將雪茄輕輕放在菸灰缸上，菸灰自會掉落。此外，雪茄放著不抽，火就會自然熄滅。

「威士忌的存在就是一項奇蹟。」

BAR 繪里香
店主兼調酒師

中村健二

19歲進入調酒師這一行，1968年開設「Bar 繪里香」。不但為訪客帶來至福時光，也培育出多位名調酒師。目前為日本調酒協會連合會名譽會員（顧問職）。

Whisky Lovers♥

相信奇蹟

日本的代表性調酒師說：
「威士忌的存在就是一項奇蹟。」
這句話究竟什麼意思？

攝影＝大星直輝

中村健二是日本具代表性的調酒師。對於歷經長年酒桶陳釀而問世的威士忌，他鍾愛地說：「威士忌本身就像一個奇蹟。」

「有些麥芽會在熟成期間劣化掉。正因為如此，我每次喝威士忌時都會想到，竟然能如此毫不受損地問世、竟然能熟成到這種地步。10年、12年、18年……，不少人認為熟成年數越長就越高級，但其實各有各的優點。」中村說著威士忌的魅力。

開設這家店時，中村二話不說即決定店名叫為「繪里香」。「繪里香」的日語發音「erika」，就是蘇格蘭威士忌風味的關鍵——泥煤原料歐石楠「Erica」。中村在銀座開設「繪里香」，43年來徹骨徹髓地熱愛威士忌，並持續向世人推廣。

在威士忌中加入幾滴水，就會飄出陣雨過後的玫瑰香。

中村為我們調製冠上蘇格蘭義賊之名的「羅伯洛伊雞尾酒」。品酒杯左後方是做成蘇格蘭國花薊花形狀的玻璃杯。

不時有在廠商任職的調酒師前來向中村討教，他總是建議：「調酒師想調製的味道未必是客人想喝的，所以我們要有看人的本領，實際看客人的反應就知道他要什麼。可以說，我們是客人與威士忌之間的橋樑。」

中村告訴我們，有個威士忌新手務必嘗試的好方法。「儘量用可以呈現威士忌香氣的品酒杯，先直接喝一中村背後的酒櫃裡，擺滿了蘇格蘭、愛爾蘭、加拿大、美國、日本等5大產地的威士忌。

看到琳琅滿目的威士忌，便想知道每一種的香氣與滋味。中村健二就是導覽者，帶您進入越探究越深奧的威士忌世界。

Whisky Lovers♥

相信奇蹟

口。然後放入2～3小匙的軟水，再喝一口，並感受香氣與滋味的變化。最後就依個人喜好加冰塊或兌水都行。這樣，一杯威士忌的樂趣就膨脹成3倍、4倍了。」

這麼做的原因是，如果還不知道威士忌的個性就兌水或加冰塊，不就破壞了難得的相遇。「還有，熱威士忌也很好喝。在雙份威士忌中加入等量的熱水，再放一點細砂糖。其實這是我每天晚上的喝法。」拜每晚2杯熱威士忌之賜，中村從不感冒，如此健康的身體簡直是上天恩賜！

「如今威士忌已經很進步了。全世界真正釀製威士忌的國家只有5個，日本是其中之一，而我的工作就是將這個在日本發生的奇蹟讓全世界知道。」

三得利山崎蒸餾廠
1995 繪里香

於繪里香開業40周年時製作。「The Owner's Cask」是私人收藏桶，亦即買下一桶酒，放在山崎蒸餾廠沉睡1年再裝瓶。只能裝出168瓶，非常珍貴。

Maker's Mark 繪里香
美格VIP裝瓶繪里香

美格威士忌的味道有深度，而且沉穩，擁有許多並不喜歡波本酒的威迷。有紅牌、黑牌、金牌、VIP裝瓶等產品，而能夠獲得附上店名的VIP裝瓶，真不愧是繪里香。

GLENDRONACH
1968 vintage
格蘭多納 1968

蒸餾廠位於蘇格蘭高地區的東部。「格蘭多納」是蓋爾語「黑莓谷」之意，特色是富有雪莉桶的香味。1968年也是「繪里香」創業那一年，目前這支酒在市面上幾乎找不到了。

Data
BAR 繪里香
BAR 絵里香

地址：中央區銀座 6-4-14
HAO大樓 2F
TEL：03-3572-1030
營業時間：平日17:30～翌日2:00
週六 17:30～23:00
定休：週日、國定假日

FOOD DICTIONARY

威士忌

國家圖書館出版品預行編目資料

FOOD DICTIONARY 威士忌 / 枻出版社編輯部 著；
林美琪 譯
－ 初版 . -- 臺北市：大鴻藝術 , 2018.5
192 面；15×21 公分 --（藝 生活；21）
ISBN 978-986-94078-9-2（平裝）

1. 威士忌酒 2. 品酒 3. 製酒

463.834　　107003126

藝生活 021

作　　者｜枻出版社編輯部
譯　　者｜林美琪
責任編輯｜賴譽夫
設計排版｜L&W Workshop

主　　編｜賴譽夫
行銷企劃｜林予安
發 行 人｜江明玉
出版、發行｜大鴻藝術股份有限公司｜大藝出版事業部
台北市 103 大同區鄭州路 87 號 11 樓之 2
電話：(02) 2559-0510　傳真：(02) 2559-0502
E-mail：service@abigart.com
總 經 銷｜高寶書版集團
台北市 114 內湖區洲子街 88 號 3 樓
電話：(02) 2799-2788　傳真：(02) 2799-0909
印　　刷｜韋懋實業有限公司
新北市 235 中和區立德街 11 號 4 樓
電話：(02) 2225-1132

2018 年 5 月初版　　Printed in Taiwan
2023 年 4 月初版 7 刷
定價 340 元　　ISBN 978-986-94078-9-2

最新大藝出版書籍相關訊息與意見流通，請加入 Facebook 粉絲頁
http://www.facebook.com/abigartpress